普通高校本科计算机专业特色教材精选·算法与程序设计

JavaEE基础教程
实验指导与习题解析

史胜辉　王春明　沈学华　魏晓宁　编著

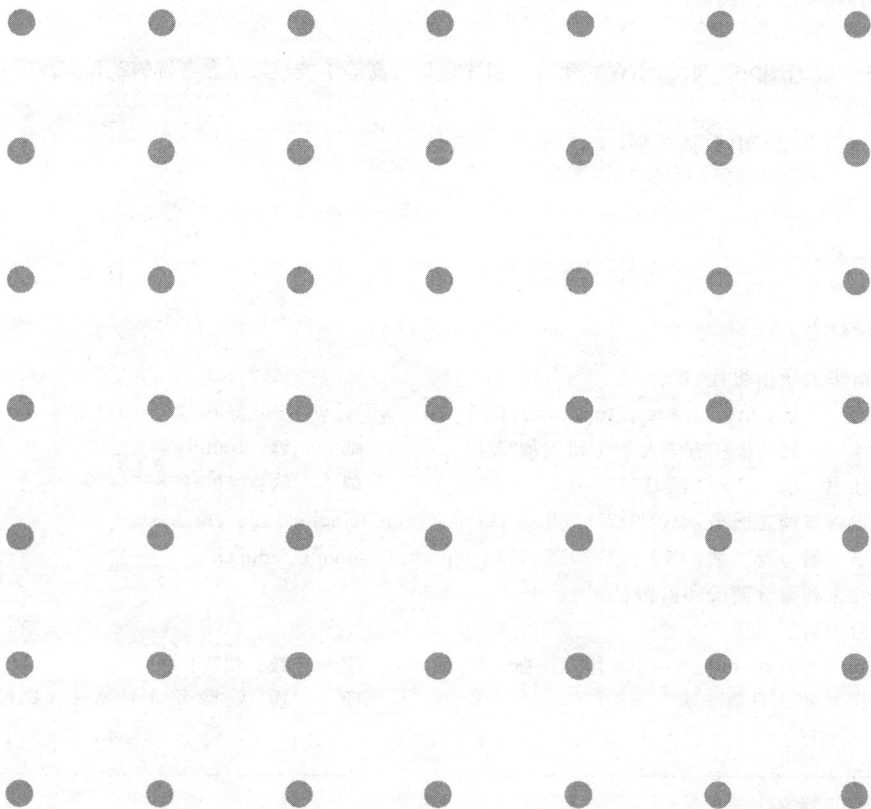

清华大学出版社

北京

内 容 简 介

本书是《JavaEE 基础教程》(清华大学出版社,ISBN:9787302214748)的配套教材。

全书分为上、中、下三篇。上篇是与《JavaEE 基础教程》对应的例题解析和书后习题解答;中篇为与教程对应的实验内容,每个实验都有实验目的、任务和详细的实验步骤,有较强的可操作性;下篇是一个完整的实训项目,非常适用于课程设计。

本书可作为高等学校教材,也可供相关技术人员学习或参考。

图书在版编目(CIP)数据

JavaEE 基础教程实验指导与习题解析/史胜辉等编著. 一北京:清华大学出版社,2012(2019.8 重印)
(普通高校本科计算机专业特色教材精选·算法与程序设计)
ISBN 978-7-302-27690-6

Ⅰ. ①J… Ⅱ. ①沈… Ⅲ. ①JAVA 语言-程序设计-高等学校-教学参考资料　Ⅳ. ①TP312

中国版本图书馆 CIP 数据核字(2011)第 275047 号

责任编辑:袁勤勇　薛　阳
责任校对:时翠兰
责任印制:李红英

出版发行:清华大学出版社
　　　　网　　　址:http://www.tup.com.cn, http://www.wqbook.com
　　　　地　　　址:北京清华大学学研大厦 A 座　　　邮　　编:100084
　　　　社 总 机:010-62770175　　　　　　　　　邮　　购:010-62786544
　　　　投稿与读者服务:010-62776969, c-service@tup.tsinghua.edu.cn
　　　　质 量 反 馈:010-62772015, zhiliang@tup.tsinghua.edu.cn
印 装 者:北京鑫海金澳胶印有限公司
经　　销:全国新华书店
开　　本:185mm×260mm　　　印　　张:15.5　　　字　　数:327 千字
版　　次:2012 年 1 月第 1 版　　　　　　　　　印　　次:2019 年 8 月第 8 次印刷
定　　价:30.00 元

产品编号:040253-03

前 言

PREFACE

Java 语言程序设计是一门实践性很强的课程，如果只有一本好教材而没有配套的实验和习题集，也很难达到理想的教学效果。本教材就是《JavaEE 基础教程》（ISBN：9787302214748）的配套实践教学用书。

本教材分为三个部分：习题解析、实验指导和项目实训。第一部分包含习题解答和例题解析，所选的例题都是有针对性的，针对一些学生易混淆的概念，如学生难于掌握的类的使用方法等。第二部分是实验，在实验的内容和选择上我们重点考虑了实验的可操作性和实用性，既便于学生上机操作，又便于教师的指导和评阅。每一个实验我们都给出了详细的实验目的和实验操作步骤，非常有利于学生对教程基础理论的理解和运用。在实验内容的设计上我们是由易到难的，并同时满足不同学生的学习需求和学习兴趣，以培养学生的自信心和成就感。第三部分是一个完整的 Web 开发案例，其内容涵盖了教材的主要知识点，并对这些知识点在本案例中进行了有机的整合，是对学生 Java 程序设计的一个提高过程。本教程中的内容我们都已经在教学中试用了三四年，应该说是很成熟的了。我们由衷地希望此教材能为广大教师在 Java 教学方面提供一些便利，为学生学习 Java 提供一本好用的教材。

教材中第 1~5 章的习题解答和实验 1~实验 5 是由王春明编写的，第 6~13 章的习题解答、实验 10~实验 12 和项目实训是由沈学华编写的，实验 6~实验 9 是由魏晓宁编写的，第 14~18 章和实验 13~实验 16 由史胜辉编写。全书由王杰华教授主审。

本教材在编著过程中得到了很多老师的大力支持和帮助，在此表示感谢！也由衷地希望广大同人多提宝贵意见。

编 者
2011 年 10 月

目录

CONTENTS

中篇 实 验

下篇　项目实训——网上书店

上 篇

例题解析与习题解答

第 1 章　Java 语言概述与编程环境

CHAPTER

1.1　例题解析

例 1.1.1　Java 开发包的种类有哪些?

【例题解析】　随着 Java 语言的成长和壮大,Java 的开发包根据用途的不同已经分为 Java EE、Java SE 和 Java ME 3 个,Java SDK 的版本分类如下。

Java ME (Java Platform Micro Edition):一种以广泛的消费性产品为目的的高度优化的 Java 运行环境,包括寻呼机、移动电话、可视电话、数字机顶盒等。它是致力于消费产品和嵌入式设备的开发人员的最佳选择。

Java SE (Java Platform Standard Edition):Sun 公司针对桌面开发以及低端商务计算解决方案而开发的版本。

Java EE (Java Platform Enterprise Edition):一种利用 Java 平台来简化企业解决方案的开发、部署和管理相关的复杂问题的体系结构。Java EE 的基础是 Java SE,Java EE 不仅巩固了标准版中的许多优点,同时还提供了对 EJB、Servlet、JSP 以及 XML 技术的全面支持。

例 1.1.2　Java 语言的特性有哪些?

【例题解析】　Java 语言是一种面向对象的程序设计语言。Java 语言吸收了 Smalltalk 语言和 C++ 语言的优点,并增加了其他特性,如支持开发程序设计、网络通信和多媒体数据控制等,其主要特性如下:

(1) Java 语言是简单的。一方面,Java 语言的语法与 C 语言和 C++ 语言很接近,大多数程序员很容易学习和使用 Java。另一方面,Java 丢弃了 C++ 中使用频率相对较少的、较难理解的一些特性,如操作符重载、多继承、自动的强制类型转换等,特别是,Java 语言不使用指针,并提供了自动的废料收集,使得程序员不必为内存管理而担忧。

(2) Java 语言是面向对象的。Java 语言提供类、接口和继承等特性,只支持类之间的单继承,但支持接口之间的多继承,并支持类与接口之间的实现机制(关键字为 implements)。Java 语言全面支持动态绑定,而

C++ 语言只对虚函数使用动态绑定。总之，Java 语言是一种纯粹的面向对象的程序设计语言。

（3）Java 语言是分布式的。Java 语言支持 Internet 应用的开发，在基本的 Java 应用编程接口中有一个网络应用编程接口（java.net），它提供了用于网络应用编程的类库，包括 URL、URLConnection、Socket、ServerSocket 等。Java 的 RMI（远程方法激活）机制也是开发分布式应用的重要手段。

（4）Java 语言是健壮的。强类型机制、异常处理机制，垃圾回收机制、安全检查机制等是 Java 程序健壮性的重要保证。对指针的丢弃是 Java 的明智选择。

（5）Java 语言是安全的。Java 通常被用在网络环境中，为了防止恶意代码的攻击，除了 Java 语言具有的许多安全特性以外，Java 对通过网络下载的类本身具有一个安全防范机制，通过分配不同的名字空间以防替代本地的同名类和字节代码检查，并提供安全管理机制（类 SecurityManager）为 Java 应用设置安全哨兵。

（6）Java 语言是跨平台的。Java 程序在 Java 平台上被编译为体系结构中立的字节码格式（后缀为 class 的文件），可以在任何操作系统中的 Java 虚拟机上运行。

（7）Java 语言是多线程的。Java 语言支持多个线程同时执行，并提供多线程之间的同步机制（关键字为 synchronized）。

1.2　习题解答

1. Java 语言的特点是什么？

参考答案：

Java 语言具有如下特性：简单性、面向对象、分布式、解释型、可靠、安全、平台无关、可移植、高性能、多线程、动态性等。

2. 什么叫 Java 虚拟机？什么叫 Java 平台？Java 虚拟机与 Java 平台的关系如何？

参考答案：

Java 虚拟机（Java Virtual Machine，JVM）是一个想象中的机器，在实际的计算机上通过软件模拟来实现。Java 虚拟机有自己想象中的硬件，如处理器、堆栈、寄存器等，还具有相应的指令系统。

3. Java 程序是由什么组成的？一个程序中必须有 public 类吗？Java 源文件的命名规则是怎样的？

参考答案：

一个 Java 源程序是由若干个类组成的。一个 Java 程序不一定需要有 public 类：如果源文件中有多个类时，则只能有一个类是 public 类；如果源文件中只有一个类，则不将该类写成 public 也将默认它为主类。源文件命名时要求源文件主名应与主类（即用 public 修饰的类）的类名相同，扩展名为 java。如果没有定义 public 类，则可以任何一个类名为主文件名，当然这是不主张的，因为它将无法进行被继承使用。另外，对 Applet 小应用程序来说，其主类必须为 public，否则虽然在一些编译平台下可以通过（在 BlueJ 下无法通过），但运行时无法显示结果。

4. 开发与运行 Java 程序需要经过哪些主要步骤和过程？

参考答案：

（1）下载、安装 J2SDK。

（2）设置运行环境参数：JAVA_HOME、PATH、CLASSPATH。

（3）使用文本编辑器编写源代码如 HelloWorld.java。

（4）运行命令"javac HelloWorld.java"编译 HelloWorld.java 为 HelloWorld.class。

（5）运行"java HelloWorld.java"生成 HelloWorld.exe。

5. 怎样区分应用程序和小应用程序？应用程序的主类和小应用程序的主类必须用 public 修饰吗？

参考答案：

Java Application 是完整的程序，需要独立的解释器来解释运行；而 Java Applet 则是嵌在 HTML 编写的 Web 页面中的非独立运行程序，由 Web 浏览器内部包含的 Java 解释器来解释运行。

两者的主要区别是：任何一个 Java Application 应用程序必须有且只有一个 main 方法，它是整个程序的入口方法；任何一个 Applet 小应用程序要求程序中有且必须有一个类是系统类 Applet 的子类，即该类头部分以 extends Applet 结尾。

应用程序的主类当源文件中只有一个类时不必用 public 修饰，但当有多于一个类时则主类必须用 public 修饰。小应用程序的主类在任何时候都需要用 public 来修饰。

6. 安装 JDK 之后如何设置 JDK 系统的 path，classpath？它们的作用是什么？

参考答案：

（1）path 是环境变量。设置环境变量 path 是因为 Windows XP 是多用户操作系统，支持不同用户的个性化系统定制，这里设置的信息只影响当前用户，而不会影响其他用户。假如只有一个用户，只是运行 .class 文件，则也不需要设置 path 环境，因为 JDK 安装之后会把 java.exe 等几个关键文件复制到 C:\windows\system32 目录中，而此目录已经存在 path 变量，所以说用户变量 path 随不同用户而设置，设置路径："D:\jdk1.5\bin"。path 环境变量的作用是指定命令搜索路径，在命令行下面执行命令如 javac 编译 Java 程序时，它会到 path 变量所指定的路径中查找看是否能找到相应的命令程序。我们需要把 JDK 安装目录下的 bin 目录增加到现有的 path 变量中，bin 目录中包含经常要用到的可执行文件如 javac，java，javadoc 等，设置好 path 变量后，就可以在任何目录下执行 javac，java 等工具了。

（2）classpath 环境变量。作用是指定类搜索路径，要使用已经编写好的类，前提当然是能够找到它们了，JVM 就是通过 classpath 来寻找类的。我们需要把 JDK 安装目录下的 lib 子目录中的 dt.jar 和 tools.jar 设置到 classpath 中，当然，当前目录"."也必须加入到该变量中。设置 classpath 环境变量是为了运行一些特殊的 Java 程序，如以 .jar 为后缀的文件或者是 javac 运行 Java 程序，假如不运行这类程序，也就不必要设置 classpath 环境变量了，设置方法是：（安装 jdk 时的目录为：D:\jdk1.5）那么就在"变量值"文本框中输入："；D:\jdk1.\lib\dt.jar;D:\jdk1.5\lib\tools.jar"。

第 2 章　Java 编程基础

2.1　例题解析

例 2.1.1　下列程序代码有两处错误，请改正。

```java
import java.lang.String;
class speach
{   float weight,height;
    String words;
    void words(String s )
    {   System.out.println("You are a good student.");
    }
    void word(String t)
    {   System.out.println("special");
    }
}
class talk extends speach
{   void words(String s )
    {   System.out.println("Are you crazy?.");
    }
}
public class sy01_2
{   public static void main(String args[])
    {   talk chat;
        chat=new talk();
        String a=chat.words();
        String b=chat.word();
        System.out.println(a);
        System.out.println(b);
    }
}
```

【例题解析】

（1）调用 talk 类的 words(String s)方法和 word(String t)方法时没有传递参数，即不存在 words()和 word()方法，所以错。

（2）talk 类的 words(String s)和 word(String t)两个方法的返回类型是 void，也就是没有返回值，所以在调用它的时候就不能取得方法的返回值，即语句"(String a＝chat. words()；)"和"String b＝chat. word()；"是错误的。这一问题也是初学编程者容易犯错的地方。另外，记住类名首字母应该大写（规范）。

例 2.1.2 编写 Java 程序，输出如下图形：

```
*                   *
**                 **
***               ***
****             ****
*****           *****
******         ******
*******       *******
********     ********
*********   *********
********************
```

【例题解析】

```java
class XingX {
    public static void main(String[] args) {
        int n=10;
        int i, j, m;
        for (i=0; i<n; i++) {
            for (j=0; j<i+1; j++) {
                System.out.print("*");
            }
            for (m=0; m<2*n-2*(i+1); m++) {
                System.out.print(" ");
            }
            for (j=0; j<i+1; j++) {
                System.out.print("*");
            }
            System.out.println();
        }
    }
}
```

例 2.1.3 编写 Java 程序，给数组赋值后，再将其打印出来。

【例题解析】

```java
public class ArrayRefer
```

```
{
    public static void main(String args[])
    {
        int i;
        int arrayA[]=new int [5];
        for (i=0; i<5; i++)
            arrayA[i]=i;
        for (i=0; i<arrayA.length; i++)
            System.out.println("arrayA["+i+"]="+arrayA[i]);
    }
}
```

运行结果：

```
arrayA[0]=0
arrayA[1]=1
arrayA[2]=2
arrayA[3]=3
arrayA[4]=4
```

例 2.1.4　编写 Java 程序，输出 Fibonacci 数列的前 5 项。

Fibonacci 数列表达式为：$F[1]=F[2]=1, F[n]=F[n-1]+F[n-2]$，其中，$n \geqslant 3$。

【例题解析】

```
public class Fibonacci
{
    public static void main(String args[])
    {
        int i;
        int[]  Fib=new int [5];
        Fib[0]=1;
        Fib[1]=1;
        for(i=2; i<5; i++)
            Fib[i]=Fib[i-1]+Fib[i-2];
        for(i=1; i<=Fib.length; i++)
            System.out.println("Fib["+i+"]="+Fib[i-1]);
    }
}
```

结果为：

```
Fib[1]=1
Fib[2]=1
Fib[3]=2
Fib[4]=3
```

```
Fib[5]=5
```

例 2.1.5 编写 Java 程序,将 54 个整数(可理解为对应 54 张牌),1～54 随机分发到数组。

【例题解析】

```java
public class PlayCard {
    public static void main(String[] args) {
        final int CART_ARRAY_LEN=54;
        int[] carts=new int[CART_ARRAY_LEN];
        for (int i=0; i<CART_ARRAY_LEN; i++) {
            carts[i]=i+1;
        }
        for (int i=0; i<CART_ARRAY_LEN; i++) {
            int rdmNum1=(int) (Math.random() * 54);
            int rdmNum2=(int) (Math.random() * 54);
            int temp=carts[rdmNum1];
            carts[rdmNum1]=carts[rdmNum2];
            carts[rdmNum2]=temp;
        }
        for (int i=0; i<CART_ARRAY_LEN; i++) {
            System.out.println(carts[i]);
        }
    }
}
```

2.2 习题解答

1. 试分析基本数据类型和引用数据类型的基本特点。

参考答案:

Java 的基本数据类型都有固定的数据位,不随运行平台的变化而变化。基本数据类型包括 byte、int、char、long、float、double、boolean 和 short。引用类型都是用类或对象实现的,引用数据类型包括类、数组、接口。基本数据类型和引用类型的区别主要在于基本数据类型是分配在栈上的,而引用类型是分配在堆上的。不论是基本数据类型还是引用类型,它们都会先在栈中分配一块内存,对于基本类型来说,这块区域包含的是基本类型的内容;而对于对象类型来说,这块区域包含的是指向真正内容的指针,真正的内容被手动地分配在堆上。

2. 分析以下程序段,得到什么打印结果?

```java
System.out.println( 1>>>1);
System.out.println(-1>>31);
System.out.println( 2>>1);
System.out.println( 1<<1);
```

参考答案：0　−1　1　2

3. 以下 temp 变量的最终取值是多少？

```
long temp=(int)3.9;
temp %=2;
```

参考答案：1

4. 以下代码运行后得到的输出结果是什么？

```
int output=10;
boolean b1=false;
if((b1==true) && ((output+=10)==20)){
        System.out.println("We are equal "+output);
    }
  else{
        System.out.println("Not equal!"+output);
  }
```

参考答案：Not equal!10

5. 以下代码运行后的输出结果是什么？

```
int output=10;
boolean b1=false;
if((b1=true) && ((output+=10)==20)){
      System.out.println("We are equal "+output);
      }
  else{
      System.out.println("Not equal!"+output);
  }
```

参考答案：We are equal 20

6. 运行以下程序，将得到的输出结果是什么？

```
public class Abs{
    static int a=0x11;
    static int b=0011;
    static int c='\u0011';
    static int d=011;
    public static void main(String args[]){
        System.out.println(a);
        System.out.println(b);
        System.out.println(c);
        System.out.println(d);
    }
}
```

参考答案：17　9　17　9

7. 分析下列代码段, i、count 变量的最终取值是什么?

```
int i=3;
   int count= (i++)+(i++)+(i++);
```

参考答案: 6　12

8. 字符'A'的 Unicode 编码为 65。下面代码正确定义了一个代表字符'A'的选项是哪些? (　　　)

    A) char ch=65;　　　　　　　　　B) char ch='\65';

    C) char ch='\u0041';　　　　　　　D) char ch='A';

    E) char ch="A";

参考答案: A　C　D

9. 下面哪些是 Java 关键字? (　　　)

    A) final　　　　B) Abstract　　　C) Long　　　　D) static

    E) class　　　　F) main　　　　　G) private　　　H) System

参考答案: A　D　E　G　H

10. 下面哪些是不合法的标识符? (　　　)

    A) do_it_now　　B) _Substitute　　C) 9thMethod　　D) $ addMoney

    E) %getPath　　F) 2variable　　　G) variable2　　　H) #myvar

参考答案: C　E　F　H

11. 字节型数据的取值范围是多少?

参考答案: −128 到 127

12. 请问下面哪些变量定义语句编译时会出错? (　　　)

    A) float f=1.3;　　　　　　　　　B) double D=4096.0;

    C) byte b=257;　　　　　　　　　D) String s="1";

    E) int i=10;　　　　　　　　　　F) char c="a";

    G) char C=4096;　　　　　　　　H) boolean b=null;

参考答案: A　C　F　H

13. 如果调用下面方法且参数值为 67, 那么方法的返回值是多少?

```
public int maskoff(int N){
        return N^3;
   }
```

参考答案: 64

14. 编写程序将 34.5 和 68.4 两个数相加, 并将结果显示成以下形式: x+y=34.5+68.4=***. *

参考答案:

```
public class test {
   public static void main(String[] args) {
       float x=34.5f, y=68.4f;
      System.out.println( "x+y="+x+"+"+y+"="+ (x+y));
```

第 **3** 章　控　制　结　构

3.1　例题解析

例 3.1.1　编写 Java 程序,从键盘输入 10 个英文单词,构成字符串数组,要求:

(1) 统计以字母 w 开头的单词数;

(2) 统计单词中含"or"字符串的单词数;

(3) 统计长度为 3 的单词数。

【例题解析】

```
import java.io.*;
public class Count {
    public static String[] input() throws IOException {
        BufferedReader br=new BufferedReader(new
        InputStreamReader(System.in));
        String[] s=new String[10];
        for (int i=0; i<s.length; i++) {
            System.out.println("请输入第"+(i+1)+"个单词:");
            s[i]=br.readLine();
        }
        return s;
    }
    public static int countW(String[] s) {
        int count=0;
        for (int i=0; i<s.length; i++) {
            if (s[i].charAt(0)=='w')
                count++;
        }
        return count;
    }
    public static int countOr(String[] s) {
        int count=0;
```

```
        for (int i=0; i<s.length; i++) {
            if (s[i].contains("or"))
                count++;
        }
        return count;
    }
    public static int count3(String[] s) {
        int count=0;
        for (int i=0; i<s.length; i++) {
            if (s[i].length()==3)
                count++;
        }
        return count;
    }
    public static void main(String[] args) throws IOException {
        String[] s=input();
        System.out.println("以字母 w 开头的单词数:"+countW(s));
        System.out.println("单词中含"or"字符串的单词数:"+countOr(s));
        System.out.println("长度为 3 的单词数:"+count3(s));
    }
}
```

例 3.1.2 编写 Java 程序,输入一个算术表达式,例如:$45*2+23*(234-24)$,求出其中有多少个整数常数。

【例题解析】

```
import java.io.*;
public class Countint {
    public static String input() throws IOException {
        BufferedReader br = new BufferedReader(new InputStreamReader(System.
        in));
        String s="";
        System.out.println("请输入一个算术表达式:");
        s=br.readLine();
        return s;
    }
    public static int countInt(String s) {
        int count=0;
        char ch;                        //获取串中的单个字符
        ch=s.charAt(0);
        boolean flag=false;             //标记当前字符是否为数字
        for (int i=0; i<s.length(); i++) {
            ch=s.charAt(i);
            if (Character.isDigit(ch))  //如果当前字符是数字
                flag=true;
```

```
        else if (flag)                        //当前不为数字,但前一个为数字
        {
            count++;
            flag=false;
        }
    }
    return count;
}
public static void main(String[] args) throws IOException {
    String s=input();
    System.out.println("算术表达式:"+s+"中有"+countInt(s)+"个整常数");
}
}
}
```

程序运行结果：

请输入一个算术表达式：
45 * 2+23 * (234-24)
算术表达式:45 * 2+23 * (234-24)中有 5 个整常数

3.2　习题解答

1. 结构化程序设计有哪三种流程？它们分别对应 Java 中哪些语句？

参考答案：

结构化程序设计有三种基本流程：循环、分支和顺序。Java 程序中的分支语句包含 if 语句、switch 语句；循环语句包括了 while 语句、do-while 语句、for 语句；其他语句如变量、对象定义、赋值语句、方法调用语句，以及上面的循环结构、分支结构等按照上下文排列都是顺序语句。

2. 在一个循环中使用 break、continue 和 return 有什么不同？

参考答案：

break 用于跳出整个循环语句,在循环结构中一旦遇到 break 语句,不管循环条件如何,程序立即退出所在的循环体。

continue 用于跳过本次循环中尚未执行的语句,但是仍然继续执行下一次循环中的语句。

在循环中使用 return 语句,将终止当前方法调用,同时终止循环,使流程返回到调用语句的下一个语句执行。

3. 下面代码将输出的结果是什么？

```
public class test3{
public static void main(String args[]){
    int a=5+4;
```

```
int b=a*2;
int c=b/4;
int d=b-c;
int e=-d;
int f=e%4;
double g=18.4;
double h=g%4;
int i=3;
int j=i++;
int k=++i;
System.out.println("a="+a+";b="+b+";c="+c+";d="+d+";e="+e+";f="+f);
System.out.println("g="+g+";h="+h+";i="+i+";j="+j+";k="+k);
    }
}
```

参考答案：

$a=9;b=18;c=4;d=14;e=-14;f=-2$

$g=18.4;h=2.3999999999999986;i=5;j=3;k=5$

4. 下面代码将输出的结果是什么？

```
public class LogicTest{
public static void main(String args[]){
        int a=25,b=3;
        boolean d=a<b;            //d=false
        System.out.println(a+"<"+b+"="+d);//=;
        int e=3;
        d=(e!=0&&a/e>5);
        System.out.println(e+"!=0&&"+a+"/"+e+">5="+d);
        int f=0;
        d=(f!=0&&a/f>5);
        System.out.println(f+"!=0&&"+a+"/"+f+">5="+d);
    }
}
```

参考答案：

$25<3=$false

$3!=0\&\&25/3>5=$true

$0!=0\&\&25/0>5=$false

5. 编写程序，求两个整数的最大公约数。

参考答案：

```
import java.util.Scanner;
public class Gcd_Lcm{
  public static void main(String args[]){
        Scanner sc=new Scanner(System.in);
```

```
        System.out.println("输入 2 个数:以',' 隔开");
        String []str=sc.next().split(",");
        int m=Integer.parseInt(str[0]);
        int n=Integer.parseInt(str[1]);
        int min=m>n? n:m;
        int max=m>n? m:n;
        int num1=1;
        int num2=max;
        for (int i=min; i>0; i--) {
         if (m%i==0&&n%i==0) {
            num1=i;break;
          }
         }
      while (true) {
       if (num2%m==0&&num2%n==0) {
          break;
        }
        num2=m * n>num2 * 2? num2 * 2:m * n;
      }
   System.out.println("最大公约数:"+num1+" 最小公倍数:"+num2);
  }
}
```

6. 编写程序，打印出如下九九乘法表。

```
*    | 1   2   3   4   5   6   7   8   9
-----|-------------------------------------------------------
1    | 1
2    | 2   4
3    | 3   6   9
4    | 4   8   12  16
5    | 5   10  15  20  25
6    | 6   12  18  24  30  36
7    | 7   14  21  28  35  42  49
8    | 8   16  24  32  40  48  56  64
9    | 9   18  27  36  45  54  63  72  81
```

参考答案：

```
public class NineByNineMul{
        public static void main(String args[]){
            System.out.print("*     |");
            for(int i=1;i<=9;i++){
                System.out.print(" "+i+"     ");
            }
            System.out.println();
```

```
                    System.out.print("-------|-----");
                    for(int i=1;i<=9;i++){
                        System.out.print("-----");
                    }
                    System.out.println();

                        for(int i=1;i<=9;i++){
                            System.out.print(" "+i+"      | ");
                            for(int j=1;j<=i;j++){
                                System.out.print(i * j+"      ");
                            }
                            System.out.println();
                        }
                    }
                }
```

7. 下面代码将输出的内容是什么？

```
int i=1;
switch (i) {
  case 0: System.out.println("zero");
          break;
  case 1: System.out.println("one");
  case 2: System.out.println("two");
  default:System.out.println("default");
}
```

参考答案：one two default

8. 下面代码将输出的内容是什么？

```
class EqualsTest {
    public static void main(String[] args) {
        char a='\u0005';
        String s=a==0x0005L?"Equal":"Not Equal";
        System.out.println(s);
    }
}
```

参考答案：Equal

9. 编写程序，对 A[]＝{30,1,－9,70,25}数组由小到大排序。

参考答案：

```
public class booktest {
  public static void main(String[] args) {
    int a[]={30,1,-9,70,25};
    System.out.print("数组原始顺序:");
```

```
    for (int i=0;i<a.length;i++) System.out.print(a[i]+" ");
    for (int i=0; i<a.length; i++) {
        int lowerIndex=i;
        for (int j=i+1; j<a.length; j++)
            if (a[j]<a[lowerIndex]) lowerIndex=j;
        int temp=a[i];
    a[i]=a[lowerIndex];
        a[lowerIndex]=temp;
        }
    System.out.print("\n 数组排序后的顺序：");
        for (int i=0;i<a.length;i++) System.out.print(a[i]+" ");
    }
}
```

10. 运行下面代码将输出什么内容？

```
int i=1;
switch(i){
case 0: System.out.println("zero");
            break;
case 1:  System.out.println("one");
            break;
case 2:  System.out.println("two");
            break;
default:  System.out.println("default");
}
```

参考答案：one

11. 编写程序，求 2～1000 内的所有素数，并按每行 5 列的格式输出。

参考答案：

```
public class PrimeTest{
    public static void main(String args[]) {
    int num=2;
    System.out.print(2+" ");
        for(int i=3;i<=1000;i+=2){
            boolean f=true;
            for (int j=2;j<i;j++) {
                if(i %j==0){
                    f=false;
                    break;
                }
            }
            if(!f) {continue;}
            System.out.print(i+" ");
            if(num++%5==0)System.out.println();
```

```
            }
        }
    }
```

12. 编写程序,生成 100 个 1～6 之间的随机数,统计 1～6 每个数字出现的概率。

参考答案:

```java
public class RandomTest {
public static void main(String[]args){
    int[] randomnum=new int[100];
    int[] n=new int[6];
    double a;
    for(int i=0;i<100;i++){
     a=Math.random() * 6;
     a=Math.ceil(a);
     randomnum[i]=new Double(a).intValue();
     System.out.print(randomnum[i]);
     switch  (randomnum[i]){
     case 1: n[0]++; break;
     case 2: n[1]++; break;
     case 3: n[2]++; break;
     case 4: n[3]++; break;
     case 5: n[4]++; break;
     case 6: n[5]++; break;
     }
    }
    System.out.println();//以下可改为循环输出
    System.out.println(" 数字 1 出现的概率="+ (n[0]/100.0) * 100+"%");
    System.out.println(" 数字 2 出现的概率="+ (n[1]/100.0) * 100+"%");
    System.out.println(" 数字 3 出现的概率="+ (n[2]/100.0) * 100+"%");
    System.out.println(" 数字 4 出现的概率="+ (n[3]/100.0) * 100+"%");
    System.out.println(" 数字 5 出现的概率="+ (n[4]/100.0) * 100+"%");
    System.out.println(" 数字 6 出现的概率="+ (n[5]/100.0) * 100+"%");
    }
}
```

13. 编写程序,求 $1!+2!+3!+\cdots+15!$。

参考答案:

```java
public class FactorialSum {
    static int f(int x) {
        if (x<=0) return 1;
        else
        return x * f(x-1);
    }
    public static void main(String[]args){
```

```
    int sum=0;
    for(int j=1;j<=15;j++)
      {
        sum+=f(j);
      }
    System.out.println(sum);
  }
}
```

14. 编写程序，分别用 do-while 和 for 循环计算 $1+1/2!+1/3!+1/4!+\cdots$ 的前 15 项的和。

参考答案：

for 循环代码：

```
public class For_FactorialSum {
    static int f(int x) {
        if (x<=0) return 1;
          else
          return x * f(x-1);
    }
    public static void main(String[]args){
      double sum=0;
      for(int j=1;j<=15;j++)
        {
          sum+=1.0/f(j);
        }
      System.out.println(sum);
    }
}
```

do-while 循环代码：

```
public class DoWhile_FactorialSum {
    static int f(int x) {
        if (x<=0) return 1;
          else
          return x * f(x-1);
    }
    public static void main(String[]args){
      double sum=0;
      int j=1;
      do {
          sum+=1.0/f(j);
          j++;
      }
```

```
while(j<=15);
    System.out.println(sum);
  }
}
```

15. 编写一个程序,用选择法对数组 a[]={20,10,55,40,30,70,60,80,90,100}进行从大到小排序。

(分别采用冒泡排序、选择排序和插入排序方法)

参考答案:

```
public class SortAll {
public static void main(String[] args) {
    int a[]={20,10,55,40,30,70,60,80,90,100};
    System.out.println("----冒泡排序的结果:");
    maoPao(a);
    System.out.println();
    System.out.println("----选择排序的结果:");
    xuanZe(a);
    System.out.println();
    System.out.println("----插入排序的结果:");
    chaRu(a);
  }
//冒泡排序
public static void maoPao(int[] x) {
  for (int i=0; i<x.length; i++) {
   for (int j=i+1; j<x.length; j++) {
    if (x[i]>x[j]) {
     int temp=x[i];
      x[i]=x[j];
      x[j]=temp;
     }
    }
   }
  for (int i : x) {
   System.out.print(i+" ");
   }
 }
//选择排序
public static void xuanZe(int[] x) {
  for (int i=0; i<x.length; i++) {
   int lowerIndex=i;
    //找出最小的一个索引
    for (int j=i+1; j<x.length; j++) {
     if (x[j]<x[lowerIndex]) {
```

```
        lowerIndex=j;
      }
    }
    //交换
    int temp=x[i];
    x[i]=x[lowerIndex];
    x[lowerIndex]=temp;
    }
  for (int i : x) {
    System.out.print(i+" ");
    }
}
//插入排序
public static void chaRu(int[] x) {
for (int i=1; i<x.length; i++) {//i 从 1 开始,因为第 1 个数已经是排好序的
  for (int j=i; j>0; j--) {
  if (x[j]<x[j-1]) {
    int temp=x[j];
    x[j]=x[j-1];
    x[j-1]=temp;
    }
  }
  }
for (int i : x) {
  System.out.print(i+" ");
  }
  }
}
```

16. 编写程序,产生 30 个素数,按从小到大的顺序放入数组 prime[]中。

参考答案:

```
public class PrimeArray {
        public static void main(String args[]) {
              int[] primearry=new int[30];
              primearry[0]=2;
          int num=1;
          System.out.print(2+" ");
              for(int i=3;i<=1000;i+=2){
                  boolean f=true;
                  for (int j=2;j<i;j++) {
                    if(i%j==0){
                        f=false;
                        break;
                    }
```

```
            }
        if(!f) {continue;}
        primearry[num++]=i;
            System.out.print(i+" ");
        if(num%5==0)System.out.println();
        if(num==30)break;
        }
    }
}
```

17. 一个数如果恰好等于它的因子之和,这个数就称为"完数"。分别编写一个应用程序和小应用程序求 1000 之内的所有完数。

参考答案:

```
public class Wanshu {
    public static void main(String[] args) {
        int sum=0,i,j;
            for(i=1;i<=1000;i++)
            {
                for(j=1,sum=0;j<i;j++)
                {
                    if(i%j==0)
                    sum=sum+j;
                }
                if(sum==i)
                {
                System.out.print ("完数:"+i+" "+"其因子是:");
                    for(int k=1;k<=sum/2;k++)
                    {
                        if(sum%k==0)
                    System.out.print(" "+k);
                    }
                System.out.println();
                }
            }
        }
    }
}
```

18. 从键盘读取若干个数,以"-1"结束,按从小到大的顺序排序。

参考答案:

```
import java.util.Scanner;
public class sc_num {
    public static void main(String[] args) {
        Scanner scanner=new Scanner(System.in);
```

```
        int scnum=0,i=0;
        int []scarry=new int[30];
        System.out.println("输入整数(-1结束):");
        while(scnum!=-1){
            scarry[i]=scanner.nextInt();;
            scnum=scarry[i];
            i++;
        }
        xuanZe(scarry,i-1);
    }
//选择排序
    public static void xuanZe(int[] x,int n) {
        for (int i=0; i<n; i++) {
        int lowerIndex=i;
        for (int j=i+1; j<n; j++) {
         if (x[j]<x[lowerIndex]) {
           lowerIndex=j;
          }
         }
        int temp=x[i];
         x[i]=x[lowerIndex];
         x[lowerIndex]=temp;
        }
        for (int i=0;i<n;i++) {
        System.out.print(x[i]+" ");
         }
    }
}
```

第4章 类与对象的基本概念

4.1 例题解析

例 4.1.1 编写 Java 程序,创建 5 个学生对象给一个学生数组赋值, 每个学生的属性有学号、姓名、年龄。

（1）将学生按学号排序输出；

（2）给所有学生年龄加 1；

（3）统计大于 20 岁的学生人数。

【例题解析】

```java
public class Student {
    int num,age;
    String name;
    public String toString() {
        String s="学号:"+num+",";
        s+="姓名:"+name+",";
        s+="年龄:"+age;
        return s;
    }
    public Student(int Num, int Age, String Name) {
        num=Num;
        age=Age;
        name=Name;
    }
    public static void main(String args[]) {
        Student s1=new Student(3, 18, "张三");
        Student s2=new Student(1, 21, "小路");
        Student s3=new Student(33, 20, "John");
        Student s4=new Student(13, 20, "Lucy");
        Student s5=new Student(8, 17, "Jack");
        Student s[]={ s1, s2, s3, s4, s5 };
        System.out.println("班级学生名单如下:");
```

```
        output(s);                          //第 1 次调用 output 方法输出数组
        /*将学生按学号排序*/
        for (int i=0; i<s.length-1; i++)
            for (int j=i+1; j<s.length; j++)
                if (s[i].num>s[j].num) {
                    Student tmp=s[i];
                    s[i]=s[j];
                    s[j]=tmp;
                }
        System.out.println("按学号由小到大排序...");
        output(s);                          //第 2 次调用 output 方法输出数组
        for (int i=0; i<s.length; i++)
            //将所有学生年龄加 1
            s[i].age++;
        System.out.println("所有学生年龄加 1 后...");
        output(s);                          //第 3 次调用 output 方法输出数组
        /*以下统计大于 20 岁的学生个数*/
        int count=0;
        for (int i=0; i<s.length; i++)
            if (s[i].age>=20)
                count++;
        System.out.println("大于 20 岁的人数是:"+count);
    }
    /*以下方法输出学生数组的所有元素*/
    static void output(Student s[]) {
        for (int i=0; i<s.length; i++)
            System.out.println(s[i]);
    }
}
```

程序运行的结果如下:

班级学生名单如下:
学号:3,姓名:张三,年龄:18
学号:1,姓名:小路,年龄:21
学号:33,姓名:John,年龄:20
学号:13,姓名:Lucy,年龄:20
学号:8,姓名:Jack,年龄:17
按学号由小到大排序...
学号:1,姓名:小路,年龄:21
学号:3,姓名:张三,年龄:18
学号:8,姓名:Jack,年龄:17
学号:13,姓名:Lucy,年龄:20
学号:33,姓名:John,年龄:20
所有学生年龄加 1 后...

学号:1,姓名:小路,年龄:22

学号:3,姓名:张三,年龄:19

学号:8,姓名:Jack,年龄:18

学号:13,姓名:Lucy,年龄:21

学号:33,姓名:John,年龄:21

大于 20 岁的人数是:3

例 4.1.2　编写一个三角形类,能根据 3 个实数构造三角形对象,如果三个实数不满足三角形的条件,则自动构造以最小值为边的等边三角形。输入任意三个数,求构造的三角形面积。

【例题解析】

```java
import java.io.*;
public class Triangle {
    private double a, b, c;
    double area;
    public Triangle() {
    }
    public Triangle(double x, double y, double z) {
        a=x;
        b=y;
        c=z;
    }
    public void trianglearea() {
        if (a+b>c && a-b<c) {
            double p=(a+b+c) / 2;
            double ans=p*(p-a)*(p-b)*(p-c);
            area=Math.sqrt(ans);
        } else {
            double temp=Math.min(a, b);
            temp=Math.min(temp, c);
            area=(temp*temp*(Math.sqrt(3))) / 4;
        }
    }
    public static void main(String[] args) {
        try {
            System.out.println("输入三个实数:");
            BufferedReader br=new BufferedReader(new InputStreamReader(
                    System.in));
            String s=br.readLine();
            double x=Double.parseDouble(s);
            String q=br.readLine();
            double y=Double.parseDouble(q);
            String w=br.readLine();
```

```
            double z=Double.parseDouble(w);
            Triangle ans=new Triangle(x, y, z);
            System.out.println("a="+x+",b="+y+",c="+z);
            ans.trianglearea();
            System.out.println(ans.area);
        } catch (IOException e) {
        }
    }
}
```

程序运行的结果如下：

输入三个实数：
3
4
5
a=3.0,b=4.0,c=5.0
6.0

4.2 习题解答

1. 面向对象的软件开发有哪些优点？

参考答案：

面向对象设计是一种把面向对象的思想应用于软件开发过程中，指导开发活动的系统方法，是建立在"对象"概念基础上的方法学。所谓面向对象就是基于对象概念，以对象为中心，以类和继承为构造机制，来认识、理解、刻画客观世界和设计、构建相应的软件系统。

从面向过程到面向对象是程序设计技术的一个飞跃。人们之所以要采用面向对象的程序设计技术，其目的在于：按照与人类习惯思维方法一致的原则开发系统；提高代码的可重用性（或者称为复用性）；提升程序的开发与运行效率；提高程序的可靠性与可维护性；提高程序的可扩展性；增强程序的可控制性。总之，面向对象的程序设计，能够有效分解、降低问题的难度与复杂性，提高整个求解过程的可控制性、可监视性和可维护性，从而获得较高的开发效率与较可靠的效果。

2. 什么叫对象？什么叫类？类和对象有什么关系？

参考答案：

对象（Object）是一个应用系统中用来描述客观事物的实体，是具有特定属性（数据）和行为（方法）的基本运行单位，是类的一个特定状态下的实例。对象是一件事、一个实体、一个名词、一个可以想象为有自己的标识的任何东西。对象是类的实例化。概括来说：万物皆对象。对象具有状态，一个对象用数据值来描述它的状态。

类（Class）是 Java 代码的基本组织模块，是用以描述一组具有共同属性和行为的对象的基本原型，是对这组对象的概括、归纳与抽象表达。类是对象的模板，它定义了本类对象所应拥有的状态属性集及操作这组属性的行为方法集。是对一组有相同数据和相同操作的对象的定义,一个类所包含的方法和数据描述一组对象的共同属性和行为。

类和对象之间的关系是抽象和具体的关系:类就是一种模板,表达的是一种抽象的概念,它描述了该类对象的共同特征,类是在对象之上的抽象,对象则是类的具体化,是类的实例。对象是模板的实例化,是个性的产物,是一个具体的个体;类必须通过对象才能使用,而对象中的属性和行为都必须在类中定义;类由属性和行为(方法)组成。

3. 什么是包? 把一个类放在包里有什么作用?

参考答案:

Java 中的包(Package)是一种松散的类的集合,是用来组织与管理类与接口的容器。包的作用主要是把需要协同工作的不同的类组织在一起,使得程序功能清楚、结构分明。

4. 作用域 public、private、protected 以及不写时(default)有什么区别?

参考答案:

当用一个类创建了一个对象之后,该对象可以通过“.”运算符访问自己的变量,并使用类中的方法。但访问自己的变量和使用类中的方法是有一定限制的。通过修饰符 private、default、protected 和 public 来说明类成员的使用权限。

private(私有的):类中限定为 private 的成员只能在这个类中被访问,在类外不可见。

default(无修饰符,默认的):如果没有访问控制符,则该类成员可以被该类所在包中的所有其他类访问。

protected(受保护的):用该关键字修饰的类成员可以被同一类、被该类所在包中的所有其他类或其子类(可以不在同一包中)的实例对象访问。

public(公共的):用 public 修饰的类成员可以被其他任何类访问,前提是对类成员所在的类有访问权限。

类成员访问控制符与访问能力之间的关系如下。

	同一个类	同一个包	不同包的子类	不同包非子类
private	*			
default	*	*		
protected	*	*	*	
public	*	*	*	*

5. 什么是方法? 方法的结构是怎样的? 设计方法应考虑哪些因素?

参考答案:

方法是 Java 类的一个组成部分,通过类的方法改变对象的状态。

方法的结构:

```
[方法修饰符] 返回值类型　方法名([形参列表])[throws 异常列表]
{
        方法体;
}
```

设计方法时应考虑的因素有：

（1）方法名是 Java 中任意的标识符，按照命名的约定，方法名应该是有意义的动词或动词短语，它的第一个字母一般要小写，其他有意义的单词的首字母要大写，其余字母小写。

（2）返回值类型可以是任意的 Java 类型，甚至可以是定义此方法的类。如果方法没有返回值，则用 void 表示。

（3）形式参数列表是可选的。如果方法没有形式参数，就用一对小括号"（）"表示。形式参数列表的形式如下：

（类型 形参名，类型 形参名，…）

（4）throws 异常列表规定了在方法执行中可能导致的异常。

6．什么是方法的覆盖？与方法的重载有何不同？方法的覆盖与属性的隐藏有何不同？

参考答案：

子类重新定义父类中已经存在的方法，称为方法的覆盖。方法重载指一个类中有多个方法享有相同的名字，但是这些方法的参数必须不同，或者是参数的个数不同，或者是参数类型不同。返回类型不能用来区分重载的方法。其实方法重载最主要的作用就是实现同名的构造方法可以接收不同的参数。参数类型的区分度一定要足够，例如不能是同一简单类型的参数，如 int 与 long。方法的重载不是子类对父类同名方法的重新定义，而是在一个类中定义了同名的不同方法。

方法覆盖与属性的隐藏不同：子类重新定义父类已有的域，并不能完全取代它从父类那里继承的同名的域，这个域仍然占用子类的内存空间，在某些情况下会被使用；而当子类重新定义父类的方法时，从父类那里继承来的方法将被新方法完全取代，不再在子类的内存空间中占一席之地。

7．什么是成员变量、局部变量、类变量和实例变量？

参考答案：

在方法外但在类声明内定义的变量叫成员变量，作用域是整个类。在方法体中定义的变量和方法的参数被称为局部变量。类的成员变量分为类变量和实例变量，类变量是用关键字 static 声明的变量。成员变量在整个类内都有效，局部变量只在定义它的方法内有效。它们的生存期分别是：局部变量在定义该变量的方法被调用时被创建，而在该方法退出后被撤销；实例变量在创建该类的实例时被创建，而其生存期和该类的实例对象的生存期相同；类变量在该类被加载时被创建，所有该类的实例对象共享该类变量，其生存期是类的生存期。任何变量在使用前都必须初始化，但是需要指出的是局部变量必须显式初始化，而实例变量不必，原始类型的实例变量在该类的构造方法被调用时为它分配的默认的值，整型是 0，布尔型是 false，而浮点型是 0.0f，引用类型（类类型）的实例变量的默认值是 null，类变量的规则和实例变量一样，不同的是类变量的初始化是在类被加载时。

8．什么是继承？什么是父类？什么是子类？继承的特性可给面向对象编程带来什么好处?

　　参考答案:

　　继承(Inheritance)是指从已有的类中派生出若干个新类,是子类自动共享父类之间数据和方法的机制。已有类称为基类或父类,新类称为派生类或子类;子类将自动地获得基类的属性与方法,从而不需再重复定义这些属性与方法;当然子类还可以修改父类的方法或增加新的方法,从而使自己更适合特殊的需要。类之间的继承关系是现实世界中遗传关系的直接模拟。

　　如果没有继承性机制,则类对象中数据、方法就会出现大量重复。继承不仅支持系统的可重用性,而且还促进系统的可扩充性。继承是子对象可以继承父对象的属性和行为,亦即父对象拥有的属性和行为,其子对象也就拥有了这些属性和行为。这非常类似大自然中的物种遗传。

　　9. 什么是多态? 面向对象程序设计为什么要引入多态的特性?

　　参考答案:

　　多态性是指不同类的对象收到相同的消息时,得到不同的结果。即允许不同类的对象对同一消息作出各自的响应,以统一的风格处理已存在的数据及相关的操作。即多态性语言具有灵活、抽象、行为共享、代码共享的优势,较好地解决了应用程序中方法同名的问题。多态的特点大大提高了程序的抽象程度和简洁性,更重要的是它最大限度地降低了类和程序模块之间的耦合性,提高了类模块的封闭性,使得它们不需了解对方的具体细节,就可以很好地共同工作。这对程序的设计、开发和维护都有很大的好处。

　　10. "子类的域和方法的数目一定大于等于父类的域和方法的数目"这种说法是否正确? 为什么?

　　参考答案:

　　这样说是不对的,因为父类的私有方法不能被继承。如果父类有 N 个私有域和方法而只有一个非私有的域或方法时,根据继承的原则子类只能拥有父类的非私有域和方法。这时子类的域和方法就要小于父类了。

　　11. 父类对象与子类对象相互转化的条件是什么? 如何实现它们的相互转化?

　　参考答案:

　　一个子类对象也可以被合法地视为一个父类的对象,即一个父类对象的引用,其指向的内存单元可能实际上是一个子类的对象。在这种情况下,可以使用强制类型转换,将父类对象的引用转换成实际的子类对象的引用。

　　12. 以下代码共创建了几个对象?

```
String s1=new String("hello");
String s2=new String("hello");
String s3=s1;
String s4=s2;
```

　　参考答案:2

　　13. 分析以下代码,编译时出现什么现象?

```
public class Test {
static int myArg=1;
public static void main(String[] args) {
int myArg;
System.out.println(myArg);
}
}
```

参考答案：The local variable myArg may not have been initialized

14. 对于以下程序，运行"java Mystery Mighty Mouse"，得到的结果是什么？

```
public class Mystery {
public static void main(String[] args) {
Changer c=new Changer();
c.method(args);
System.out.println(args[0]+" "+args[1]);
}
static class Changer {
void method(String[] s) {
String temp=s[0];
s[0]=s[1];
s[1]=temp;
}
}
}
```

参考答案：Mouse Mighty

15. 阅读下列程序，写出输出的结果。

```
class Xxx {
    private int i;
    Xxx x;
    public Xxx() {
       i=10;
       x=null;
    }
    public Xxx(int i) {
       this.i=i;
       x=new Xxx();
    }
    public void print() {
       System.out.println("i="+i);
       System.out.println(x);
    }
    public String toString() {
```

```
        return "i="+i;
    }
}
public class Test{
    public static void main(String[] args) {
        Xxx x=new Xxx(100);
        x.print();
        System.out.println(x.x);
    }
}
```

参考答案：i＝100　i＝10　i＝10

16. 为了使以下 Java 应用程序输出 11、10、9，应在（＊＊）处插入的语句是什么？如果要求输出 10、9、8，则在（＊＊）处插入的语句应是什么？

```
public class GetIt {
    public static void main(String args[]) {
        double x[]={10.2, 9.1, 8.7};
        int i[]=new int[3];
        for(int a=0;a< (x.length);a++) {
        (＊＊)
            System.out.println(i[a]);
        }
    }
}
```

参考答案：i[a]＝(int)x[a]＋1 和 i[a]＝(int)x[a]；

17. 阅读下列程序，分析程序的输出结果什么。

```
abstract class Base{
abstract public void myfunc();
public void another(){
System.out.println("Another method");
}
}
public class Abs extends Base{
public static void main(String argv[]){
Abs a=new Abs();
a.amethod();
}
public void myfunc(){
System.out.println("My func");
}
public void amethod(){
myfunc();
```

```
}
}
```

参考答案：My func

18. 分析以下代码,编译时会出现的错误信息是什么?

```
class A{
private int secret;
}
public class Test{
public int method(A a){
return a.secret++;
}
public static void main(String args[]){
Test test=new Test();
A a=new A();
System.out.println(test.method(a));
}
}
```

参考答案：

Test.java:6:secret 可以在 A 中访问 private

(return a.secret＋＋;出错)

19. 分析以下程序,写出运行结果。

```
public class Test19 {
    public static void changeStr(String str){
      str="welcome";
      }
  public static void main(String[] args) {
      String str="1234";
     changeStr(str);
     System.out.println(str);
      }
}
```

参考答案：1234

20. 分析以下程序,写出运行结果。

```
public class Test20 {
    static boolean foo(char c) {
        System.out.print(c);
        return true;
    }
    public static void main(String[] args) {
        int i=2;
```

```
    for (foo('A'); foo('B') && (i<4); foo('C')) {
      i++;
      foo('D');
    }
  }
}
```

参考答案：ABDCBDCB

21. 编写程序,要求创建一个 Dog 类,添加 name,eyeColor 属性,为该属性自动添加相应的 set 和 get 方法,并给出至少两个构造方法。

参考答案：

```java
public class Dog {
private String name, eyeColor;
//无形参的构造方法
public Dog (){
this. name="逗逗";
this. eyeColor="黑";
}
//有形参的构造方法
public Dog(String name, String eyeColor ){
this. name=name;
this. eyeColor=eyeColor;
}
public String getEyeColor() {
        return eyeColor;
}
public void setEyeColor(String eyeColor) {
      this.eyeColor=eyeColor;
}
public String getName() {
     return name;
}
public void setName(String name) {
     this.name=name;
}
}
```

22. 统计一个字符串中出现某个字母的次数(注意区分大小写)。String 类中的相关方法(具体用法请查看 JDK 帮助文档):

length( )：计算字符串长度,得到一个 int 型数值;

indexOf( )：在字符串中定位某个子串,并返回位置编号

substring( )：截取字符串中的一部分,并作为一个新字符串返回;

equals( )：比较两个 String 内容是否完全相同。

参考答案:

```
String str="abckajbfhbbkhfgabkbjkdfasjkbdanjkasfbai";
String chr="b";
int count=0;
for (int i=0; i<str.length(); i++) {
if (chr.equals(str.charAt(i))) count++;
}
System.out.println("The count is "+count);
```

23. 创建一个桌子(Table)类,该类中有桌子名称、重量、桌面宽度、长度和桌子高度属性,以及以下几个方法:

(1) 构造方法:初始化所有成员变量。

(2) area():计算桌面的面积。

(3) display():在屏幕上输出所有成员变量的值。

(4) changeWeight(int w):改变桌子重量。

在测试类的 main()方法中实现创建一个桌子对象,计算桌面的面积,改变桌子重量,并在屏幕上输出所有桌子属性的值。

参考答案:

```
package com.test;
public class Table {
    String name;//名称
    double weight;//重量
    double width;//宽
    double length;//长
    double height;//高
   //构造方法
public Table(String name, double weight, double width, double longth,
  double height) {
  super();
  this.name=name;
  this.weight=weight;
  this.width=width;
  this.length=length;
  this.height=height;
}
    //计算桌面的面积
public void area(){
  System.out.println("桌子面积是"+length * width);
}
//在屏幕上输出所有数据成员的值
public void display(){
  System.out.println("桌子名称:"+name+"\n"+"重量:"+weight+"\n"+"宽:"+width+"
```

```
         \n"+"长:"+length+"\n 高:"+height);
    }
    //改变桌子重量的方法
    public void changeWeight(int i){
        this.weight=i;
        System.out.println("面积改为"+this.weight);
    }
    public static void main(String[] args) {
        Table table=new Table("红木桌",100.5,3.2,2.3,1.5);
        System.out.println("创建一个桌子对象,属性如下");
        table.display();
            table.area();
            table.changeWeight(100);
            System.out.println("更改重量后,属性如下");
            table.display();
    }
}
```

24. 编写一个程序,在主类中创建和调用方法 sumf( ),方法 sumf( )的功能是进行两个浮点数的加法运算。试将 12.7 和 23.4 两个数相加并显示运算结果。

参考答案:

```
import java.util.Scanner;
public class test {
    static float sumf(float x,float y) {
            return x+y;
        }
    public static void main(String[]args){
            Scanner sc=new Scanner(System.in);
            System.out.println("输入 2 个浮点数求和表达式,如:12.7+23.4");
            String []str=sc.next().split("\\+");
            float m=Float.parseFloat(str[0]);
            float n=Float.parseFloat(str[1]);
        System.out.println(m+"+"+n+"="+sumf(m,n));
    }
}
```

第 **5** 章 类的高级特性

5.1 例题解析

例 5.1.1 详细解析 Java 中的抽象类。

【例题解析】 在 Java 语言中，abstract class 和 interface 是支持抽象类定义的两种机制。abstract class 和 interface 在 Java 语言都是用来进行抽象类定义的。使用抽象类能带来的好处：在面向对象的概念中，所有的对象都是通过类来描绘的，但是反过来却不是这样。并不是所有的类都是用来描绘对象的，如果一个类中没有包含足够的信息来描绘一个具体的对象，这样的类就是抽象类。抽象类往往用来表征在对问题领域进行分析、设计中得出的抽象概念，是对一系列看上去不同，但是本质上相同的具体概念的抽象。比如，在进行一个图形编辑软件的开发时，就会发现问题领域存在着圆、三角形这样一些具体概念，它们是不同的，但是它们又都属于形状这样一个概念，形状这个概念在问题领域中是不存在的，它就是一个抽象概念。正是因为抽象的概念在问题领域没有对应的具体概念，所以用以表征抽象概念的抽象类是不能够实例化的。

例 5.1.2 总结 java 中 abstract，interface，final，static 的概念。

【例题解析】 在语法层面，Java 语言对于 abstract class 和 interface 给出了不同的定义方式，下面以定义一个名为 Demo 的抽象类为例来说明这种不同。使用 abstract class 的方式定义 Demo 抽象类的方式如下：

```
abstract class Demo{
    abstract void method1();
    abstract void method2();
  ⋮
}
```

使用 interface 的方式定义 Demo 抽象类的方式如下：

```
interface Demo{
    void method1();
```

```
void method2();
  ⋮
}
```

在 abstract class 方式中,Demo 可以有自己的数据成员,也可以有非 abstract 的成员方法,而在 interface 方式的实现中,Demo 只能够有静态的不能被修改的数据成员,也就是必须是 static final 的,不过在 interface 中一般不定义数据成员,所有的成员方法都是 abstract 的。从某种意义上说,interface 是一种特殊形式的 abstract class。

abstract class 在 Java 语言中表示的是一种继承关系,一个类只能使用一次继承关系。但是,一个类却可以实现多个 interface。这也是 Java 语言的设计者在考虑 Java 对于多重继承的支持方面的一种折中处理。

其次,在 abstract class 的定义中,我们可以赋予方法的默认行为。但是在 interface 的定义中,方法却不能拥有默认行为。

abstract class 和 interface 所反映出的设计理念不同。其实 abstract class 表示的是"is-a"关系,interface 表示的是"like-a"关系。

实现抽象类和接口的类必须实现其中的所有方法。抽象类中可以有非抽象方法。接口中则不能有实现方法。

关于抽象类 abstract:

(1) 只要有一个或一个以上抽象方法的类,必须用 abstract 声明为抽象类;

(2) 抽象类中可以有具体的实现方法;

(3) 抽象类中可以没有抽象方法;

(4) 抽象类中的抽象方法必须被它的子类实现,如果子类没有实现,则该子类继续为抽象类;

(5) 抽象类不能被实例化,但可以由抽象父类指向的子类实例来调用抽象父类中的具体实现方法,通常作为一种默认行为;

(6) 要使用抽象类中的方法,必须有一个子类继承于这个抽象类,并实现抽象类中的抽象方法,通过子类的实例去调用。

关于接口 interface:

(1) 接口中可以有成员变量,且接口中的成员变量必须定义初始化;

(2) 接口中的成员方法只能是方法原型,不能有方法主体;

(3) 接口的成员变量和成员方法只能是 public(或缺省不写,效果一样,都表示 public);

(4) 实现接口的类必须全部实现接口中的方法。

关于关键字 final:

(1) 可用于修饰:成员变量,非抽象类(不能与 abstract 同时出现),非抽象的成员方法以及方法参数。

(2) final 方法:不能被子类的方法重写,但可以被继承。

(3) final 类:表示该类不能被继承,没有子类;final 类中的方法也无法被继承。

(4) final 变量:表示常量,只能赋值一次,赋值后不能被修改。final 变量必须定义初始化。

（5）final 不能用于修饰构造方法。

（6）final 参数：只能使用该参数，不能修改该参数的值。

关于关键字 static：

（1）可以修饰成员变量和成员方法，但不能修饰类以及构造方法。

（2）被 static 修饰的成员变量和成员方法独立于该类的任何对象。也就是说，它不依赖类特定的实例，被类的所有实例共享。

（3）static 变量和 static 方法一般通过类名直接访问，但也可以通过类的实例来访问（不推荐这种访问方式）。

（4）static 变量和 static 方法同样适用 Java 访问修饰符。用 public 修饰的 static 变量和 static 方法在任何地方都可以通过类名直接来访问，但用 private 修饰的 static 变量和 static 方法只能在声明的本类方法及静态块中访问，但不能用 this 访问，因为 this 属于非静态变量。

关于 static 和 final 同时使用：

（1）static final 用来修饰成员变量和成员方法，可简单理解为“全局常量”。

（2）对于变量，表示一旦给值就不可修改，并且通过类名可以访问。

（3）对于方法，表示不可覆盖，并且可以通过类名直接访问。

例 5.1.3　分析下列程序片段，指出程序中的错误。

（1）
```java
abstract class Name {
        private String name;
        public abstract boolean isStupidName(String name) {}
    }
```

【例题解析】　abstract method 必须以分号结尾，且不带花括号。

（2）
```java
public class Something {
      void doSomething () {
      private String s="";
      int l=s.length();
    }
  }
```

【例题解析】　局部变量前不能放置任何访问修饰符（private，public 和 protected）。final 可以用来修饰局部变量，但 final 是非访问修饰符。

（3）
```java
abstract class Something {
      private abstract String doSomething ();
    }
```

【例题解析】　abstract 的方法不能以 private 修饰。abstract 的方法就是让子类实现具体细节的，不可以用 private 把 abstract 方法封锁起来。同理，abstract 方法前也不能加 final。

（4）
```java
public class Something {
```

```
public int addOne(final int x) {
    return ++x;
}
}
```

【例题解析】　int x 被修饰成 final，意味着 x 不能在 addOne method 中被修改。

5.2　习题解答

1. 接口与抽象类有哪些异同点？

参考答案：

在面向对象的概念中，我们知道所有的对象都是通过类来描绘的，但是反过来却不是这样。并不是所有的类都是用来描绘对象的，如果一个类中没有包含足够的信息来描绘一个具体的对象，这样的类就是抽象类。抽象类往往用来表征我们在对问题领域进行分析、设计时得出的抽象概念，是对一系列看上去不同，但是本质上相同的具体概念的抽象。正是因为抽象的概念在问题领域没有对应的具体概念，所以用以表征抽象概念的抽象类是不能够实例化的。

接口与抽象类的主要异同点如下：

（1）接口定义了一组特定功能的对外接口与规范，而并不真正实现这种功能，功能的实现留给实现这一接口的各个类来完成。抽象类一般作为公共的父类为子类的扩展提供基础，这里的扩展包括了属性上的和行为上的。而接口一般来说不考虑属性，只考虑方法，使得子类可以自由地填补或者扩展接口所定义的方法。抽象类表示的是"is-a"关系，接口着重表示的是"can-do"关系。

（2）abstract class 在 Java 语言中表示的是一种继承关系，一个类只能使用一次继承。但是，一个类却可以实现多个 interface，接口可以解决多重继承问题。

（3）接口是抽象方法和常量值的定义的集合，从本质上讲，接口是一种只包含常量与抽象方法的特殊的抽象类，这种抽象类中只包含常量和方法的定义，而没有变量和方法的实现。接口里面不能有私有的方法或变量，接口中的所有常量必须是 public static final，且必须给其初值，其实现类中不能重新定义，也不能改变其值。接口中的方法必须是 public abstract，这是系统默认的，不管在定义接口时，写不写修饰符都是一样的。抽象类中是可以有私有方法或私有变量的，抽象类中的变量默认是 friendly 型，其值可以在子类中重新定义，也可以重新赋值。

（4）实现抽象类和接口的类必须实现其中的所有方法。在抽象类中可以有自己的数据成员，也可以有非 abstract 的成员方法。而在 interface 中，只能够有静态的不能被修改的数据成员，所有的成员方法都是 abstract 的。实现接口的一定要实现接口里定义的所有方法，而实现抽象类可以有选择地重写需要用到的方法。一般的应用里，最顶级的是接口，然后是抽象类实现接口，最后才到具体类实现。

2. 区分接口与抽象类分别在什么场合使用。

参考答案：

如果预计要创建类的多个版本,则创建抽象类。抽象类提供简单的方法来控制类版本。如果创建的功能将在大范围的异类对象间使用,则使用接口。如果要设计小而简练的功能块,则使用接口。如果要设计大的功能单元,则使用抽象类。如果要向类的所有子类提供通用的已实现功能,则使用抽象类。抽象类主要用于关系密切的对象;而接口适合为不相关的类提供通用功能。抽象类应主要用于关系密切的对象,而接口最适合为不相关的类提供通用功能。接口多定义对象的行为;抽象类多定义对象的属性。

3. 一个类如何实现接口? 实现某接口的类是否一定要重载该接口中的所有抽象方法?

参考答案:

一个类使用关键字 implements 实现某接口。实现某接口的类如果不是抽象类,则需要通过重载来实现该接口中的所有抽象方法;如果这个类是抽象类,则它可以不必实现该接口中的所有抽象方法。

4. 对于以下程序,运行"java StaticTest",得到的输出结果是什么?

```
public class StaticTest {
static {
System.out.println("Hi there");
}
public void print() {
System.out.println("Hello");
}
public static void main(String args []) {
StaticTest st1=new StaticTest();
st1.print();
StaticTest st2=new StaticTest();
st2.print();
}
}
```

参考答案:

```
Hi there
Hello
Hello
```

5. 编写程序,要求创建一个抽象类 Father,其中有身高、体重等属性及爱好(唱歌)等方法,创建子类 Son 类继承 Father 类,并增加性格这个属性,改写父类的方法(爱好)。

参考答案:

```
public class test {
public static void main(String args[]) {
    Son son=new Son("乖儿子",1.78f,61f, "篮球");
    son.showInfo();
    son.singsong();
```

```
        }
    }
abstract class Father {
    float high,weight;
protected String name;
Father(String name,float high,float weight) {
    this.name=name;
    this.high=high;
    this.weight=weight;
}
abstract void singsong();
abstract void showInfo();
}
class Son extends Father {
String specialty;
Son(String name, float high,float weight,String specialty) {
    super(name,high,weight);
    this.specialty=specialty;
}
void singsong(){
    System.out.println(name+"is singging loudly!");
}
void showInfo() {
    System.out.println("姓名:"+name+";身高:"+high+";体重:"+weight+";爱好:"+
specialty);
    }
}
```

第 6 章   常用类库

6.1   例题解析

例 6.1.1   为什么使用 Calendar 类的 get(Calendar. MONTH)方法获取的月份不正确？

【例题解析】   在 Java 中,Calendar 类代表系统日期和时间,其中星期是从 0 到 6,代表中国的星期日到星期六;而月份也是从 0 到 11,0 代表的是 1 月份,11 代表 12 月份。因此,在使用该方法获取月份信息时,应该进行加 1 处理,这时得到的才是中国的月份。

例 6.1.2   设有 ArrayList＜String＞ 类型的对象 list,已进行了初始化。下面选项中,可以实现删除 list 中所有元素的功能的是(　　　)。

A) int len＝list. size();

　　for(int i＝0;i＜len;i＋＋)

　　　　list. remove(i);

B) for(int i＝0;i＜list. size();i＋＋)

　　　　list. remove(i);

C) for(int i＝0;i＜list. size();i＋＋)

　　　　list. remove(0);

D) list. clear();

【例题解析】   在 Java 语言中,集合对象与一般数组的区别在于,集合对象的元素个数是处于不断变化中的,向集合中加入一个元素后,集合的元素个数就加一,删除一个元素后,集合的元素个数就减一;对于数组而言,一旦定义后,不管存放了多少个有效元素,数组的元素个数就不再改变。A 和 B 选项都不正确,因为在调用 list. remove()方法删除一个元素后,list 的元素个数已减一,A 选项删除到最后会出现 java. lang. IndexOutOfBoundsException 类型的异常;而 B 选项在删除到最后时,集合中还会存在若干个元素。选项 C 和 D 是正确的。

例 6.1.3   试设计一个泛型方法,接收集合对象和数组作为参数,将集合中的对象加入到数组中。并编写代码测试该方法。

【例题解析】 在完成本题前,需要复习教材中有关泛型方法的概念和定义方法。

参考代码:

```
import java.util.*;
public class test {
    static<T>void fromCollectionToArray(T[]a, Collection<T>c){
        c.toArray(a);
    }
    public static void main(String[] args) {
        Integer[] ia=new Integer[100];
        Collection<Number>cn=new ArrayList<Number>();
        fromCollectionToArray(ia, cn);
        System.out.println(ia);
    }
}
```

6.2 习题解答

1. Java 中提供了名为( )的包装类来包装原始字符串类型。

    A) Integer   B) Char   C) Double   D) String

参考答案:D

2. java.lang 包的( )方法比较两个对象是否相等,相等返回 true。

    A) toString( )   B) equals( )

    C) compare( )   D) 以上所有选项都不正确

参考答案:B

3. 使用( )方法可以获得 Calendar 类的实例。

    A) get( )   B) equals( )   C) getTime( )   D) getInstance( )

参考答案:D

4. 下面的集合中,( )不可以存储重复元素。

    A) Set   B) Collection   C) Map   D) List

参考答案:C

5. 关于 Map 和 List,下面说法正确的是( )。

    A) Map 继承 List

    B) List 中可以保存 Map 或 List

    C) Map 和 List 只能保存从数据库中取出的数据

    D) Map 的 value 可以是 List 或 Map

参考答案:D

6. 给定如下 Java 代码,编译运行的结果是( )。

```
import java.util.*;
public class Test {
    public static void main(String[] args) {
        LinkedList list=new LinkedList();
        list.add("A");
        list.add(2,"B");
        String s=(String)list.get(1);
        System.out.println(s);
    }
}
```

A）编译时发生错误   B）运行时引发异常

C）正确运行，输出：A   D）正确运行，输出：B

参考答案：B

7. 请写出下列语句的输出结果。

```
char[] data={'a','b','c','d'};
System.out.println(String.valueOf(10D));
System.out.println(String.valueOf(3>2));
System.out.println(String.valueOf(data,1,3));
```

参考答案：

10.0
true
bcd

8. 写出下面代码运行后的输出结果。

```
public class Arrtest {
    public static void main(String kyckling[]){
        int i[ ]=new int[5];
        System.out.println(i[4]);
        amethod();
        Object obj[ ]=new Object[5];
        System.out.println(obj[2]);
    }
    public static void amethod(){
        int K[ ]=new int[4];
        System.out.println(K[3]);
    }
}
```

参考答案：

0
0

```
null
```

9. 什么是封装？Java 语言中的封装类有哪些？

参考答案：

封装是表示把数据项和方法隐藏在对象的内部，把方法的实现内容隐藏起来。Java 中的封装类有 Double、Integer、Float、Byte、Long、Character、Short 和 Boolean 等类。

10. 什么是泛型？使用泛型有什么优点？泛型 List 和普通 List 有什么区别？

参考答案：

泛型是对 Java 语言的数据类型系统的一种扩展，以支持创建可以按类型进行参数化的类。可以把类型参数看做是使用参数化类型时指定的类型的一个占位符。

优点：提高 Java 程序的类型安全；消除强制类型转换；提高代码的重用率。

泛型 List 可以实例化为只能存储某种特定类型的数据，普通 List 可以实例化为存储各种类型的数据。通过使用泛型 List 对象，可以规范集合对象中存储的数据类型，在获取集合元素时不用进行任何强制类型转换。

11. 编写一个程序，实现下列功能：

➢ 测试两个字符串 String str1＝"It is"和 String str2＝"It is"；是否相等；

➢ 将"a book."与其中的 str1 字符串连接；

➢ 用 m 替换新字符串中的 i。

参考答案：

```java
public class Ex11 {
    public static void main(String[] args) {
        String str1="It is";
        String str2="It is";
        //比较字符串
        System.out.println("str1==str2 的结果:"+(str1==str2));
        System.out.println("str1.equals(str2)的结果:"+str1.equals(str2));
        //连接字符串
        String str3=str1.concat("a book");
        System.out.println("连接后的字符串为:"+str3);
        //替换字符
        String str4=str3.replace('i','m');
        System.out.println("替换后的字符串为:"+str4);
    }
}
```

12. 编程计算距当前时间 10 天后的日期和时间，并用"××××年××月××日"的格式输出新的日期和时间。

参考答案：

```java
import java.util.Calendar;
public class Ex12 {
    public static void main(String[] args) {
```

```
        Calendar cal=Calendar.getInstance();
        cal.add(Calendar.DAY_OF_YEAR,10);
        String strDate=cal.get(Calendar.YEAR)+"年"
                    +(cal.get(Calendar.MONTH)+1)+"月"
                    +cal.get(Calendar.DATE)+"日";
        System.out.println("10天后的日期为:"+strDate);
    }
}
```

13. 创建一个类 Stack，代表堆栈（其特点为后进先出），添加方法 add(Object obj)、方法 get( )和方法 delete( )，并编写 main 方法进行验证。

参考答案：

```
import java.util.LinkedList;
import java.util.List;
class Stack{
    LinkedList list;
    public Stack() {
        list=new LinkedList();
    }
    public void add(Object obj){
        list.addFirst(obj);
    }
    public Object get(){
        return list.getFirst();
    }
    public void delete(){
        list.removeFirst();
    }
}
public class Ex13 {
    public static void main(String[] args) {
    Stack stack=new Stack();
    stack.add("1");
    stack.add("2");
    stack.add("3");
    System.out.println(stack.get());
    stack.delete();
    System.out.println(stack.get());
    }
}
```

14. 编写程序，计算任意两个日期之间间隔的天数。

参考答案：

```
import java.util.Calendar;
public class Ex14 {
    public static void main(String[] args) {
        Calendar c1=Calendar.getInstance();
        c1.set(2010, 7, 1);
        Calendar c2=Calendar.getInstance();
        long ca1=c1.getTimeInMillis();
        long ca2=c2.getTimeInMillis();
        //计算天数
        long days= (ca2-ca1) / (24 * 60 * 60 * 1000);
        System.out.println(days);
    }
}
```

15. 创建一个 HashMap 对象,添加一些学生的姓名和成绩:张三:90 分,李四,83 分。接着从 HashMap 中获取他们的姓名和成绩,然后把李四的成绩改为 100 分,再次输出他们的信息。

参考答案:

```
import java.util.HashMap;
public class Ex15 {
    public static void main(String[] args) {
        HashMap map=new HashMap();
        map.put("张三",90);
        map.put("李四",83);
        System.out.println("修改前的成绩:");
        System.out.println(map);
        map.put("李四",100);
        System.out.println("修改后的成绩:");
        System.out.println(map);
    }
}
```

16. 编写一个程序,用 parseInt 方法将字符串 200 由十六进制转换为十进制的 int 型数据,用 valueOf 方法将字符串 123456 转换为 float 型数据。

参考答案:

```
public class Ex16 {
    public static void main(String[] args) {
        String str1="200";
        System.out.println(Integer.parseInt(str1,16));
        String str2="123456";
        System.out.println(Float.parseFloat(str2));
    }
}
```

17. 编写程序,将 long 型数据 987654 转换为字符串,将十进制数 365 转换为十六进制数表示的字符串。

参考答案:

```
public class Ex17 {
    public static void main(String[] args) {
        long num=987654L;
        int i=365;
        System.out.println("Long 类型转换为 String:"+String.valueOf(num));
        String HexI=DtoX(i);
        System.out.println(HexI);
    }
    //转换函数
    public static String DtoX(int d)
    {
        String x="";
        if(d<16){
            x=change(d);
        }
        else{
            int c;
            int s=0;
            int n=d;
            while(n>=16){
            s++;
            n=n/16;
            }
            String [] m=new String[s];
            int i=0;
            do{
            c=d/16;
            //判断是否大于 10,如果大于 10,则转换为 A~F 的格式
            m[i++]=change(d%16);
            d=c;
            }while(c>=16);
            x=change(d);
            for(int j=m.length-1;j>=0;j--){
                x+=m[j];
            }
        }
        return x;
    }
    //判断是否为 10~15 之间的数,如果是则进行转换
    public static String change(int d){
```

```
        String x="";
        switch(d){
        case 10:
            x="A";
            break;
        case 11:
            x="B";
            break;
        case 12:
            x="C";
            break;
        case 13:
            x="D";
            break;
        case 14:
            x="E";
            break;
        case 15:
            x="F";
            break;
        default:
            x=String.valueOf(d);
        }
        return x;
    }
}
```

18. 编写一个程序,接收以克为单位的一包茶叶的单位重量、卖出的包数和每克的价格,计算并显示出销售的总额。其中三个数据一行输入,数据间用"-"分隔。比如,输入"3-100-2.1",表示每包的重量为 3 克,共卖出 100 包,每克的价格为 2.1 元。此时的销售总额为 630 元。

参考答案:

```
import java.util.Scanner;
public class Ex18 {
    public static void main(String[] args) {
        Scanner scan=new Scanner(System.in);
        System.out.println("请依次输入重量、包数、价格,并以-分隔:");
        String strIn=scan.nextLine();
        Scanner sc=new Scanner(strIn);
        sc.useDelimiter("-");                //设置分隔符
        int num=sc.nextInt();
        int bag=sc.nextInt();
        float price=sc.nextFloat();
```

```
        double total=price * num * bag;
        System.out.println("销售总额为:"+total);
    }
}
```

19. 编写一个泛型方法,能够返回一个 int 类型数组的最大值和最小值、String 类型数组的最大值和最小值(按字典排序)。

参考答案:

```
class Pair<T>{
    private T min;
    private T max;
    public Pair() {  min=null; max=null;  }
    public Pair(T min, T max) {  this.min=min;  this.max=max;  }
    public T getMin() {  return min;  }
    public T getMax() {  return max;  }
    public void setMin(T newValue) {  min=newValue;  }
    public void setMax(T newValue) {  max=newValue;  }
}
class ArrayAlg {
    public static< T extends Comparable>Pair<T>minmax(T[ ] a) {
        if (a==null || a.length==0) {
            return null;
        }
        T min=a[0];T max=a[0];
        for (int i=1; i<a.length; i++) {
            if (min.compareTo(a[i])>0) {min=a[i];}
            if (max.compareTo(a[i])<0) { max=a[i];}
        }
        return new Pair<T> (min, max);
    }
}
public class Ex19 {
    public static void main(String[] args) {
        //测试整型数组
        Integer[] arrI={1,2,3,4,5,6};
        Pair<Integer>p1=ArrayAlg.minmax(arrI);
        System.out.println("整型数组的最小值:"+p1.getMin().intValue());
        System.out.println("整型数组的最大值:"+p1.getMax().intValue());
        //测试字符串数组
        String[ ] words={"able","word","excel","course","java","c#"};
        Pair<String>p2=ArrayAlg.minmax(words);
        System.out.println("字符串数组的最小值:"+p2.getMin());
        System.out.println("字符串数组的最大值:"+p2.getMax());
    }
}
```

20. 编写一个泛型方法,接收对象数组和集合作为参数,将数组中的对象加入集合中。并编写代码测试该方法。

参考答案:

```java
import java.util.*;
public class Ex20 {
    static<T>void fromArrayToCollection(T[]a, Collection<T>c){
        for (T o : a){
            c.add(o);
        }
    }
    public static void main(String[] args) {
        Integer[] ia=new Integer[100];
        Collection<Number>cn=new ArrayList<Number>();
        fromArrayToCollection(ia, cn);//T是Number类型
        System.out.println(cn);
    }
}
```

21. 试编写一个 List 类型的对象只能存储通讯录(存储同学的姓名和联系方式),并输出通讯录的列表到控制台。

参考答案:

```java
import java.util.*;
class Student{
    private String name;
    private String phone;
    public Student(String name, String phone) {
        this.name=name;
        this.phone=phone;
    }
    public String toString() {
        return name+":"+phone;
    }
}
public class Ex21 {
    public static void main(String[] args) {
        Student st1=new Student("John","23214");
        Student st2=new Student("Alice","4563");
        List<Student>list=new ArrayList<Student>();
        list.add(st1);list.add(st2);
        for(int i=0;i<list.size();i++)
            System.out.println(list.get(i));
    }
}
```

22. 设计一个程序，基于泛型 Map 实现 10 个英文单词的汉语翻译，即通过单词得到它的中文含义。

参考答案：

```java
import java.util.*;
public class Ex22 {
    public static void main(String[] args) {
        String[] eng={"Apple","Orange","Green"};
        String[] chs={"苹果","橘子","绿色"};
        Map<String,String>map=new HashMap<String,String>();
        for(int i=0;i<eng.length;i++)
        map.put(eng[i],chs[i]);
        String test="Orange";
        System.out.println(test+"翻译:"+map.get(test));
    }
}
```

第 7 章 异 常

7.1 例题解析

例 7.1.1 下面是关于 Java 的异常和异常处理的几种说法,其中错误的是(　　)。

A) try/catch/finally 块里都可以嵌套 try/catch/finally

B) 一个 try 可以对应多个 catch

C) 如果发生的异常没有被捕捉,异常将被系统捕获

D) 异常处理时可以只用 try 块

【例题解析】 本题考查的是 Java 异常处理机制,try/catch/finally 块是允许嵌套的;每一个 try 块可以对应多个 catch 块;JRE 提供了对程序运行时异常的捕获能力;允许出现 try/catch 块,try/catch/finally 和 try/finally 块,但是 try 块是不允许单独使用的。所以,本题的答案为 D。

例 7.1.2 假设程序的 try {}块里包含一个 return 语句,那么紧跟在这个 try 后的 finally {}块中的代码(　　)。

A) 不会执行

B) 会执行,可能在 return 前执行,也可能在 return 后

C) 会执行,肯定在 return 前执行

D) 会执行,肯定在 return 后执行

【例题解析】 在异常处理中,不管异常是否发生,finally 块中的代码一定会运行。本题选择 C,在程序返回前先执行 finally 块中的代码,然后执行 try{}块中的 return 语句。

例 7.1.3 假设:String str＝null;分析下面的代码,其中会抛出 NullPointerException 异常的语句有(　　)。

A) if((str!＝null) ＆ (str.length()＞0))

B) if((str!＝null) ＆＆ (str.length()＞0))

C) if((str＝＝null) ｜ (str.length()＝＝0))

D) if((str＝＝null) ｜｜ (str.length()＝＝0))

【例题解析】 在 Java 语言中，"&"和"&&"运算符，"|"和"||"运算符是有区别的。其中"&"和"|"是不短路的，不管"&"和"|"运算符左边表达式的值是什么，一定会执行右边的表达式；而 str 的值为 null，执行 str.length()语句会引发 NullPointerException 异常。因此本题选择 A 和 C。

例 7.1.4 分析下面的异常处理代码，输出结果是（　　）。

```
public static void main(String[] arg){
try{
        int result=6/0;
        System.out.print("try,");
    } catch(ArithmeticException e1) {
        System.out.print("算术异常,");
        throw new Exception();
    } finally {
        System.out.print("finally");
    }
}
```

A) 算术异常,finally   B) 算术异常,finally

C) try,算术异常,finally   D) 程序编译错误

【例题解析】 程序在语句"6/0"处会抛出 DividedByZeroException 异常类的对象，而 ArithmeticException 异常类是它的父类，因而该异常可以被 catch 块捕获。但是在"throw"关键字处抛出的异常没有进行相应的处理，会出现编译错误。本题选择 D。

例 7.1.5 阅读下面的代码，该方法的返回值为（　　）。

```
public int test() {
    try {
        int i=0;
        return 5/i;
    } catch (Exception e) {
        return 4;
    }finally{
        return 3;
    }
}
```

A) 3   B) 4   C) 0   D) 程序错误

【例题解析】 答案为 A。由于程序对可能抛出的异常进行了处理，因此该方法能够正常运行；当执行返回语句的"5/i"表达式时，会抛出异常；而该异常会被 catch 块捕获，执行 catch 块中的返回语句；但是在返回之前必须执行 finally 语句块，即执行"return 3;"语句，返回 3。

例 7.1.6 分析下面的代码：

```
public class MyException {
```

```
class TestEx extends Exception{}
public void runTest() throws TestEx{}
public void test()      /* A */
{
    runTest();
}
}
```

在该程序的 A 处,需要增加(　　)使得该程序能够通过编译。

A) throws RuntimeException

B) catch(Exceptoin e)

C) catch(TestEx e)

D) throws Exception

【例题解析】 在方法名后面能够使用的异常处理关键字只有 throws,声明该方法可能抛出的异常类型,catch 块不允许用在方法名的后面;方法 runTest()可能抛出的异常是 TestEx 类型,它是 Exception 的子类;为了捕获这种类型的异常,在此处必须使用 Exception 类型。答案选 D。

7.2 习题解答

1. 什么是异常? 什么是 Java 的异常处理机制?

参考答案:

异常是指程序运行过程中产生的错误,它出现在程序运行过程中。

异常处理机制为程序提供错误处理的能力。根据这个机制,对程序运行时可能遇到的异常情况,预先提供一些处理的方法。在程序执行代码的时候,一旦发生异常,程序会根据预定的处理方法对异常进行处理,处理完成后,程序进行运行。

2. Java 中的异常分为哪几类?

参考答案:

Java 中的异常分为两种类型。

- 内部错误:又称为致命错误。比如硬盘损坏、软驱中没有软盘。

- 运行时异常:比如除数为 0、数组下标越界。

3. 所有异常的父类是(　　)。

A) Error   B) Throwable

C) RuntimeException   D) Exception

参考答案: B

4. 下列(　　)操作不会抛出异常。

A) 除数为零   B) 用负数索引访问数组

C) 打开不存在的文件   D) 以上都会抛出异常

参考答案: D

5. 能单独和 finally 语句一起使用的块是（   ）。

    A) try   B) throws   C) throw   D) catch

参考答案：A

6. 在多重 catch 块中同时使用下列类时，（   ）异常类应该最后列出。

    A) Exception

    B) ArrayIndexOutOfBoundsException

    C) NumberFormatException

    D) ArithmeticException

参考答案：A

7. 执行下面的代码会引发（   ）异常。

```
String str=null;
String strTest=new String(str);
```

    A) InvalidArgumentException   B) IllegalArgumentException

    C) NullPointerException   D) ArithmeticException

参考答案：C

8. 这段代码的输出结果是（   ）。

```
try{
    System.out.print("try,");
    return;
} catch(Exception e){
    System.out.print("catch,");
} finally {
        System.out.print("finally");
}
```

    A) try,   B) try,catch,

    C) try,finally   D) try, catch,finally

参考答案：C

9. 这个方法的返回值是（   ）。

```
public int count() {
        try{
          return 5/0;
        } catch(Exception e){
            return 2 * 3;
        } finally {
            return 3;
        }
}
```

    A) 0   B) 6   C) 3   D) 程序错误

参考答案：C

10. 编写一个程序，产生 ArrayIndexOutOfBoundsException 异常，并捕获该异常，在控制台输出异常信息。

参考答案：

```java
public class Ex10 {
    public static void main(String[] args) {
        int[] arr=new int[2];
        try {
            System.out.println(arr[2]);
        } catch (ArrayIndexOutOfBoundsException e) {
            e.printStackTrace();
        }
    }
}
```

11. 设计一个 Java 程序，自定义异常类，从键盘输入一个字符串，如果该字符串值为"abc"，则抛出异常信息，如果从键盘输入的是其他字符串，则不抛出异常。

参考答案：

```java
import java.util.Scanner;
class MyException extends Exception{
    private String errorMsg;
    //getter 和 setter 方法
    public MyException(String errorMsg){
        this.errorMsg=errorMsg;
    }
    @Override
    public String toString() {
        return errorMsg;
    }
}
public class Ex11 {
    public static void main(String[] args) {
        String strIn;
        Scanner scan=new Scanner(System.in);
        strIn=scan.nextLine();
        try {
            if(strIn.equals("abc"))
                throw new MyException("输入的字符串不正确!");
        } catch (MyException e) {
            System.out.println(e);
        }
    }
}
```

12. 设计一个 Java 程序，从键盘输入两个数，进行减法运算。当输入串中含有非数字时，通过异常处理机制使程序正常运行。

参考答案：

```java
import java.util.*;
public class Ex12 {
    public static void main(String[] args) {
        int num1,num2;
        Scanner in=new Scanner(System.in);
        try {
            num1=in.nextInt();
        } catch (InputMismatchException e) {
            System.out.println("第一个数格式不对");
            num1=0;
        }
        try {
            num2=in.nextInt();
        } catch (InputMismatchException e) {
            System.out.println("第二个数格式不对");
            num2=0;
        }
        System.out.println("num1-num2="+(num1-num2));
    }
}
```

13. 自定义异常类，在进行减法运算时，当第一个数大于第二个数时，抛出"被减数不能小于减数"，并编写程序进行测试。

参考答案：

```java
import java.util.Scanner;
//MyException 类的定义(同第 11 题)
public class Ex13 {
    public static void main(String[] args) {
        int num1,num2;
        Scanner scan=new Scanner(System.in);
        num1=scan.nextInt();
        num2=scan.nextInt();
        try {
            if(num1<num2)
                throw new MyException("被减数不能小于减数");
        } catch (MyException e) {
            System.out.println(e);
        }
    }
}
```

第 **8** 章 输入输出流

8.1 例题解析

例 8.1.1 下面（　　）流类可以用于字符流的输入操作。

A) java. io. InputStream　　　　　　B) java. io. FileReader

C) java. io. FileWriter　　　　　　　D) java. io. BufferedInputStream

【例题解析】 选项 A 和 D 都用于字节流，而选项 C 是字符输出流，本题的答案是 B。

例 8.1.2 下面（　　）能够将文本"＜tail＞"追加到文件"file. txt"的末尾。

A) FileWriter fw＝new FileWriter("file. txt",true);

　　fw. write("＜tail＞\n");

B) FileWriter fw＝new FileWriter("file. txt");

　　fw. write("＜tail＞\n");

C) FileOutputStream os＝new FileOutputStream("file. txt",true);

　　os. write("＜tail＞\n");

D) FileOutputStream os＝new FileOutputStream("file. txt");

　　os. write("＜tail＞\n");

【例题解析】 选项 A 是正确的。选项 B 没有用追加方式打开文件；选项 C、D 没有 write("＜tail＞\n")这种方法。

例 8.1.3 试设计一个程序，实现任意大小、任意类型文件的复制功能。

【例题解析】 在 Java 中，当需要复制较大的文件时，应该使用缓冲流进行读写操作；对于字符流的读写可以使用 Reader 和 Writer 相关类；但是可以使用字节流的相关类完成读写任意类型文件。本题使用带缓冲的字节流相关类完成复制功能。参考代码如下：

```
import java.io.*;
void copy(File src,File des) throws Exception{
    InputStream in=new FileInputStream(src);
    BufferedInputStream bin=new BufferedInputStream(in);
    OutputStream out=new FileOutputStream(des);
    BufferedOutputStream bout=new BufferedOutputStream(out);
    byte[] buf=new byte[1024];
    int len;
    len=bin.read(buf);
    while(len>0){
        bout.write(buf,0,len);
        len=bin.read(buf);
    }
    bout.close();bin.close();
    out.close();in.close();
}
```

例 8.1.4 分析下面的程序代码:

```
import java.io.*;
public class Test {
    public static void main(String[] arg) {
        try {
            File file=new File("file.exe");
            OutputStream out=new FileOutputStream(file,true);
            int a=67;           //对应的字符是"C"
            out.write(a);
            out.close();
        }
        catch (Exception e) {
            e.printStackTrace();
        }
    }
}
```

下面的选项中,正确的是(   )。

A) 程序不能通过编译

B) 程序运行后文件没有变化

C) 程序运行后抛出异常,因为文件没有关闭

D) 程序运行后文件末尾增加了一个字符

【例题解析】 本程序中的"true"参数指明以追加的方式创建文件输出流;在执行写入操作时,自动把新的内容写入文件的末尾;尽管程序中没有关闭文件的语句,但不会引发程序的异常。因此本题的正确答案是 D。

例 8.1.5 编写一个程序,以字节流的方式将两个整型数写入文件,然后以双精度的

方式来读取数据。

【例题解析】　编写程序,分析输出结果。

```
public static void writeIt()throws Exception{
    DataOutputStream out=new DataOutputStream(
            new FileOutputStream("sample.dat"));
    out.writeInt(100);
    out.writeInt(200);
    out.close();
}
public static void ReadIt()throws Exception{
    DataInputStream din=new DataInputStream(
            new FileInputStream("sample.dat"));
    System.out.println(din.readDouble());
    din.close();
}
```

8.2　习题解答

1. 什么是流？什么是输入流和输出流？

参考答案:

流是一组有序的数据序列。数据序列从文件、内存或其他设备中流入到 CPU 的,称为输入流。数据序列从 CPU 流出到文件、内存或其他设备的,称为输出流。

2. Java 语言的流分为哪几类？

参考答案:

根据数据流的流动方向,把流分为输入流和输出流。根据流动的内容,把流分为字节流和字符流。

3. Java 中,(　　)类提供定位本地文件系统的功能,对文件或目录及其属性进行基本操作。(选择一项)

　　A) FileInputStream　　　　　　　　B) FileReader

　　C) FileWriter　　　　　　　　　　　D) File

参考答案:D

4. 在 Java 中,要判断 d 盘下是否存在文件 abc. txt,应该使用以下的(　　)判断句。

　　A) if(new File("d:/abc. txt"). exists()==1)

　　B) if(File. exists("d:/abc. txt") ==1)

　　C) if(new File("d:/abc. txt"). exists())

　　D) if(File. exists ("d:/abc. txt"))

参考答案:C

5. 字符流是以(　　)传输数据的。

　　A) 1 个字节　　　　　　　　　　　　B) 8 位字符

C) 16 位 Unicode 字符　　　　　　　D) 1 个比特

参考答案：C

6. (　　)方法可以用来清除流。

A) void release()　　　　　　　　　B) void close()

C) void Remove()　　　　　　　　　D) void flush()

参考答案：D

7. 给定下面的代码段，file1. txt 文件的内容是"Hello World"。编译运行后，输出结果为"Hello"，而不是预期的"Hello Word"。

```
FileInputStream in=new FileInputStream("d:\\file1.txt");
StringBuffer sb=new StringBuffer();                    //第一行
for(int i=0;i<in.available();i++)                      //第二行
    sb.append((char)in.read());                        //第三行
in.close();                                            //第四行
System.out.println(sb);
```

判断错误发生在第(　　)行。

A) 一　　　　　　B) 二　　　　　　C) 三　　　　　　D) 四

参考答案：B

8. 编写一个程序将文件 source. txt 的内容复制到文件 object. txt 中，源文件和目标文件的名称在程序运行时输入。

参考答案：

```
import java.io.*;
public class Ex08 {
    public static void main(String[] args) {
        String FileIn=args[0];
        String FileOut=args[1];
        int rs;
        byte b[]=new byte[10];
        try {
            FileInputStream fis=new FileInputStream(FileIn);
            FileOutputStream fos=new FileOutputStream(FileOut);
            rs=fis.read(b,0,10);
            while(rs>0){
                fos.write(b,0,10);
                rs=fis.read(b,0,10);
            }
            fos.close();
            fis.close();
        } catch (Exception e) {
            e.printStackTrace();
        }
```

```
        }
}
```

9. 编写一个程序,将一个身份证号码以数字的形式写入文件中。

参考答案:

```java
import java.io.FileWriter;
import java.util.Scanner;
public class Ex09 {
    public static void main(String[] args) {
        Scanner scan=new Scanner(System.in);
        try {
            FileWriter fw=new FileWriter("res.txt");
            String in=scan.nextLine();
            char[] arr=in.toCharArray();
            fw.write(arr);
            fw.close();
        } catch (Exception e) {
            e.printStackTrace();
        }
    }
}
```

10. 编写一个程序,将文本文件中的内容,以行为单位,调整为倒序排列。

参考答案:

```java
import java.io.*;
import java.util.LinkedList;
public class Ex10 {
    public static void main(String[] args) {
        String temp=null;
        LinkedList<String>list=new LinkedList<String>();
        try {
            FileReader fr=new FileReader("in.txt");
            BufferedReader br=new BufferedReader(fr);
            temp=br.readLine();
            while(temp!=null)
            {
                list.addFirst(temp);
                temp=br.readLine();
            }
            br.close();
            fr.close();
            FileWriter fw=new FileWriter("in.txt");
            BufferedWriter bw=new BufferedWriter(fw);
            for(int i=0;i<list.size();i++){
```

```
                temp=list.get(i);
                bw.write(temp);
                bw.newLine();
            }
            bw.close();
            fw.close();
        } catch (Exception e) {
            e.printStackTrace();
        }
    }
}
```

11. 列出 D 盘中所有的文件和目录。如果是目录的话,再次进行列举,直到把 D 盘中所有目录中的文件都列举出来为止。

参考答案:

```
import java.io.File;
public class Ex11 {
    public static void main(String[] args) {
        File file=new File("C:\\Inetpub");
        getFile(file);
    }
    public static void getFile(File file) {
        if (file.isDirectory()) {
            System.out.println("目录: "+file.getAbsolutePath());
            File[] subFiles=file.listFiles();
            for (int i=0; i<subFiles.length; i++) {
                getFile(subFiles[i]);
            }
        } else {
            System.out.println("文件: "+file.getAbsolutePath());
        }
    }
}
```

12. 假设有字节数组:

byte b[]=new byte[50]和 FileInputStream 类的对象 in,
in=new FileInputStream("m.java");

那么对于: int len＝in. read(b);m 的值一定是 50 吗?

参考答案:

len 的值不一定是 50。这里的 len 表示读入缓冲区的字节总数,如果读入的字节不满 50 个,则返回实际读入的字节数。

13. 编写一个程序,从键盘读入一个数字字符串,然后转换成相对应的 int 数值后保存到文件中。

参考答案：

```
import java.io.*;
import java.util.Scanner;
public class Ex13 {
    public static void main(String[] args) {
        Scanner scan=new Scanner(System.in);
        String str=scan.next();
        int i=Integer.valueOf(str);
        try {
            FileWriter fw=new FileWriter("out.txt");
            fw.write(i);
            fw.close();
        } catch (IOException e) {
            e.printStackTrace();
        }
    }
}
```

14. 设计一个程序，实现下述功能：假设 file1. txt 包含"1,3,5,7,8"，另一个文件 file2. txt 包含"2,9,11,13"，编写程序把这两个文件的内容合并到一个新文件中，并且要求这些数据必须按照升序排列写入到新文件中。

参考答案：

```
import java.io.*;
import java.util.Arrays;
public class Ex14 {
    public static void main(String[] args) {
        try {
            FileReader fr1=new FileReader("file1.txt");
            BufferedReader bf1=new BufferedReader(fr1);
            FileReader fr2=new FileReader("file2.txt");
            BufferedReader bf2=new BufferedReader(fr2);
            String str1=bf1.readLine();
            String str2=bf2.readLine();
            bf1.close();fr1.close();bf2.close();fr2.close();
            String[] strI=str1.split(",");
            String[] strJ=str2.split(",");
            String[] str=new String[strI.length+strJ.length];
            System.arraycopy(strI,0,str,0,strI.length);
            System.arraycopy(strJ,0,str,strI.length, strJ.length);
            Arrays.sort(str);
            FileWriter fw=new FileWriter("hebin.txt");
            BufferedWriter bw=new BufferedWriter(fw);
```

```
        for(int i=0;i<str.length;i++){
            bw.write(str[i]);
            bw.write(",");
        }
        bw.close();fw.close();
    } catch (Exception e) {
        e.printStackTrace();
    }
    }
}
```

第 9 章 多 线 程

CHAPTER

9.1 例题解析

例 9.1.1 下面选项中,不会导致线程停止执行的是( )。

A) 调用一个线程对象的 wait()方法

B) 调用一个输入流对象的 read()方法

C) 调用一个线程对象的 setPriority()方法

D) 从一个同步语句块中退出

【例题解析】 当线程调用 wait 方法时,会阻塞自己的执行,等待其他线程唤醒;调用 setPriority 方法时,如果设置的优先级很低,所在进程中存在优先级更高的线程时,同样会阻塞自己的执行;而执行某个输入流对象的 read 方法时,会等待用户干预,输入数据;但是,从同步块退出时,不会停止线程的执行。本题的正确答案是 D。

例 9.1.2 分析下面的程序代码:

```java
public class Test {
    public static void main(String[] args) {
        A a=new A();
        a.start();
        int j=a.i;
        System.out.println("j="+j);
    }
}
class A extends Thread
{
    public int i=3;
    public void run() {
        i=20;
    }
}
```

在执行该程序后,程序的输出结果一定是( )。

A）j＝3　　　　　　　　　　　　B）j＝20

C）输出结果不确定　　　　　　　D）程序有错误

【例题解析】　程序在执行到"a.start();"语句时,启动了线程 a,但是 CPU 是调用该线程执行 run()方法,还是继续原来的主线程,执行"int j＝a.i;"语句,程序调用者是无法确定的。程序执行后,可能的输出结果是 A 或者 B,是不确定的。因此,本题选择 C 选项。

例 9.1.3　分析下面的程序代码:

```
class SynA extends Thread
{
    public int x;
    public static int count;
    public synchronized void run() {
        while(true &&++count<=3){              //E行
            x++;
            System.out.println(" x="+x);
        }
    }
}
public class SynTest {
    public static void main(String[] args) {
        SynA s1=new SynA();                     //F行
        SynA s2=new SynA();                     //G行
        s1.start();s2.start();
    }
}
```

下面关于程序输出结果的描述中,正确的是(　　　)。

A）程序确定输出三行,每行的结果不确定

B）程序确定输出三行,每行的结果确定

C）程序输出行数不确定,每行的结果确定

D）程序输出行数不确定,每行的结果不确定

【例题解析】　正确答案是 A。程序的 E 行设置了循环条件 count＜＝3,而 count 是类变量,因此输出语句只能执行 3 次,输出结果一定是 3 行;F 行和 G 行的语句分别启动了 s1 和 s2 两个线程,由于 run()方法设置了 synchronized 关键字,每次只能一个线程运行 run()方法,但是执行哪个线程是不确定的,因此每行输出的内容是不确定的。

例 9.1.4　试编写程序,用异常抛出机制实现两段程序代码的交替执行。

【例题解析】　在程序中采用 Java 的异常处理机制抛出和处理异常。

参考答案:

```
public class ExceptionChange {
    public static void main(String[] args) {
```

```
            boolean flag=true;
            while(true){
                try {
                    if (flag==true) {
                        System.out.println("Progress A");
                    } else {
                        int result=2 / 0;                    //引发异常
                    }
                } catch (Exception e) {
                    System.out.println("Progress B");
                } finally {
                    flag=!flag;
                }
            }
        }
    }
```

例 9.1.5 设计两个线程,一个每隔 1 秒显示一次系统时间,另一个每隔 5 秒显示一次系统时间,对比两个线程的输出结果。

【例题解析】 编写 Thread 类的子类,重写 run()方法,利用 SimpleDateFormat 类格式化时间,用关键字 synchronized 实现线程的同步。

参考答案:

```
import java.text.SimpleDateFormat;
import java.util.Date;
public class ShowTime {
    public static void main(String[] args) {
        MyShow s1=new MyShow(1);
        MyShow s5=new MyShow(5);
        s1.start();s5.start();
    }
}
class MyShow extends Thread{
    private int internal;
    public MyShow(int i){
        this.internal=i;
    }
    public synchronized void run() {
        while(true){
            try {
                SimpleDateFormat sdf=new SimpleDateFormat("hh:mm:ss");
                Date dt=new Date();
                System.out.println(this.getName()+"当前时间--"+sdf.format
                (dt));
```

```
        sleep(internal * 1000);
    } catch (InterruptedException e) {
        e.printStackTrace();
    }
  }
 }
}
```

9.2　习题解答

1. 什么是线程？什么是进程？它们有什么区别？

参考答案:

进程是程序的一次执行,对应了从代码的加载、执行到执行结束的完整过程。

线程是比进程更小的执行单元,是程序执行流的最小单元。

它们的区别主要是:每个进程对应一个单独的地址空间,而多个线程共用一个存储空间;一个进程可以产生若干个线程,进程负责线程的创建和启动。

2. 如何创建一个线程,实现 Runnable 接口和继承 Thread 类有什么区别?

参考答案:

线程的创建有两种方法:一种是通过实现 Runnable 接口;另一种是通过继承 Thread 类实现。实现 Runnable 接口时,在 run()方法中实现规定的功能;继承 Thread 类时,通过重写该类的 run()方法实现规定的功能。

3. 什么是线程的同步,为什么要实现线程的同步?

参考答案:

线程同步是指多个线程有序访问某个/些资源的机制。当多个线程同时访问一个对象时,为了保持对象数据的统一性和完整性,必须采用线程的同步机制。

4. run()方法在(　　)方法被调用后执行。

　　A) init()　　　　　B) begin()　　　　　C) start()　　　　　D) create()

参考答案:C

5. 分析下面的代码,选择所有正确的选项。

```
public class Test {
public static void main(String[] args) {
    Thread t=new Thread();
    t.start();
  }
}
```

A) Test 类必须继承 Thread 类

B) Test 类必须实现 Runnable 接口

C) 由于未实现 run()方法,因此会出现运行时错误

D) 这段代码没有任何错误

参考答案：D

6. 编写一个程序，用于实现 Runnable 接口并创建两个线程，分别输出从 10 到 15 的数，每个数字间延迟 500 毫秒，要求输出的结果如下所示：

```
10,11,12,13,14,15
10,11,12,13,14,15
```

提示：采用线程同步的方法。

参考答案：

```java
class Sync{
    public static synchronized void print(){
        try {
            for(int i=10;i<=15;i++){
                System.out.print(i);
                if(i!=15)
                    System.out.print(",");
                Thread.sleep(500);
            }
            System.out.println();
        } catch (InterruptedException e) {
            e.printStackTrace();
        }
    }
}
public class Ex06 implements Runnable {
    public static void main(String[] args) {
        Thread t1=new Thread(new Ex06());
        Thread t2=new Thread(new Ex06());
        t1.start();
        t2.start();
    }
    public void run() {
        Sync.print();
    }
}
```

7. 编写一个采用多线程技术的程序，对 10000 个数据求累加和。

参考答案：

```java
public class Ex07 extends Thread{
    private int start;
    private int len;
    private static double[] arr;
    public static double sum;
    public Ex07(int start,int len){
```

```
        this.start=start;
        this.len=len;
        arr=new double[10000];
        for(int i=0;i<10000;i++){
            arr[i]=Math.random();
        }
    }
    public static void main(String[] args) {
        Ex07 t1=new Ex07(0,2000);
        Ex07 t2=new Ex07(2000,2000);
        Ex07 t3=new Ex07(4000,2000);
        Ex07 t4=new Ex07(6000,2000);
        Ex07 t5=new Ex07(8000,2000);
        t1.start();t2.start();t3.start();t4.start();t5.start();
        System.out.println("sum="+sum);
    }
    @Override
    public void run() {
        for(int i=start;i<start+len;i++)
            sum+=arr[i];
    }
}
```

8. 编写一个程序，创建 3 个线程，分别输出 26 个字母。在输出结果时要指明是哪个线程输出的字母。

参考答案：

```
class Syn extends Thread{
    private char ch='a';
    public Syn(String name){
        setName(name);
    }
    public void run() {
        char temp;
        for(int i=0;i<26;i++){
            temp=(char)(ch+i);
            System.out.println(this.getName()+":"+temp);
        }
    }
}
public class Ex08{
    public static void main(String[] args) {
        Syn t1=new Syn("线程 1");
        Syn t2=new Syn("线程 2");
        Syn t3=new Syn("线程 3");
```

```
        t1.start();
        t2.start();
        t3.start();
    }
}
```

9. 使用 Runnable 接口,把下面的类转化为线程,实现利用该线程打印边界范围内的所有奇数。

```
public class PrintOdds {
    private int bound;
    public PrintOdds(int b){
        bound=b;
    }
    public void print(){
        for(int i=1;i<bound;i+=2)
            System.out.println(i);
    }
}
```

参考答案:

```
class PrintOdds extends Thread {
    private int bound;
    public PrintOdds(int b){
        bound=b;
    }
    public void run(){
        for(int i=1;i<bound;i+=2)
            System.out.print(i+",");
    }
}
public class Ex09 {
    public static void main(String[] args) {
        PrintOdds p1=new PrintOdds(100); p1.start();
    }
}
```

第10章 数据库编程

10.1 例题解析

例 10.1.1 在进行数据库连接时,控制台出现如图 1-10-1 所示的错误信息,试分析出错原因。

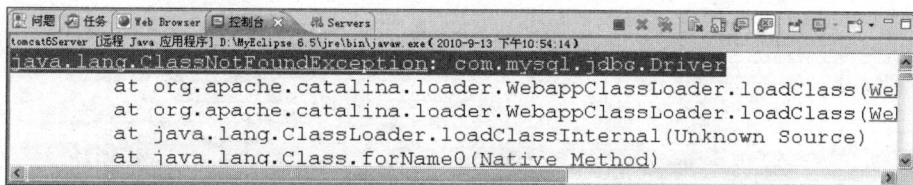

图 1-10-1 驱动程序错误

【例题解析】 在使用 JDBC 技术连接 MySQL 数据库时,必须添加数据库驱动程序到项目中;如果没有添加,则 Java 编译器不能识别 MySQL 连接字符串,即显示图 1-10-1 所示的错误信息。需要注意的是,在程序中添加驱动程序时,要保持驱动程序的版本号与系统使用的数据库版本号一致或相容。

例 10.1.2 连接数据库时,出现图 1-10-2 所示的错误信息的原因是什么?

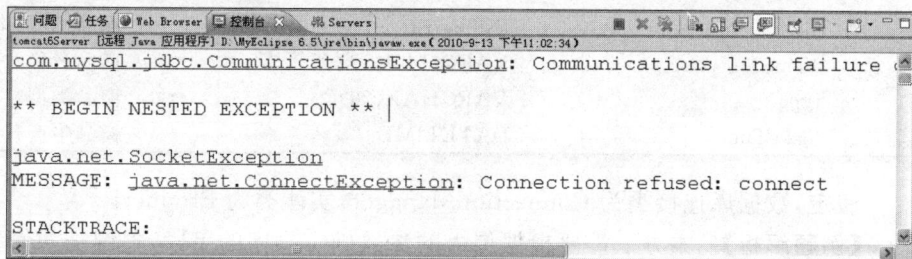

图 1-10-2 启动服务错误

【例题解析】 如果在连接数据库时出现图 1-10-2 所示的错误,检查系统的"MySQL"服务是否已经启动。如果没有启动,请先启动该服务,再进行数据库连接操作。

例 10.1.3 在进行数据库连接时,出现图 1-10-3 所示的错误信息,试分析原因。

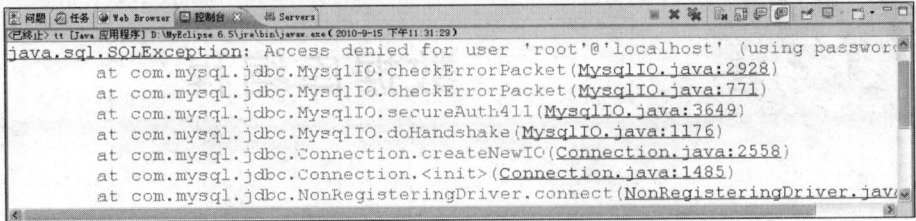

图 1-10-3 数据库用户名/密码错误

【例题解析】 在程序运行时,出现图 1-10-3 所示的情况,说明数据库连接代码中的用户名或密码不正确,检查后进行修改。

例 10.1.4 在正确实现了数据库连接后,进行数据库操作时操作台出现图 1-10-4 所示的错误信息,试分析原因。

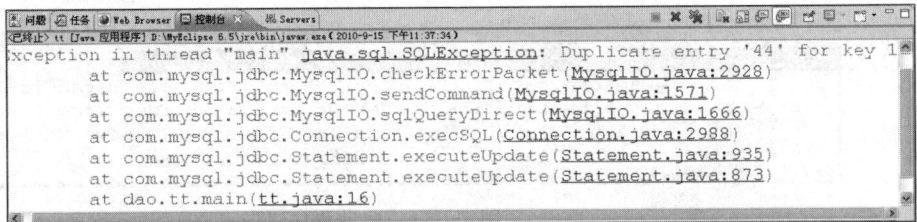

图 1-10-4 数据库操作错误

【例题解析】 出现图 1-10-4 所示的错误信息时,说明在进行数据库操作时,出现了主键值重复的情况,必须修改代码保证主键值的唯一性。

例 10.1.5 设有如表 1-10-1 所示的商品表,试编写一个方法,实现按商品表的字段排序查询。

表 1-10-1 商品表 Product

字 段 名	类 型	说 明
id	INTEGER	商品 ID、主键
Name	VARCHAR(20)	商品名称
type	VARCHAR(20)	商品类型
makeTime	DATETIME	商品生产日期

假定,数据库连接类为 ConnectionManager,实体类为 Product。

【例题解析】 本方法需要根据传入的参数确定排序的字段,关键是如何编写 SQL 查询语句。在采用 PreparedStatement 对象时,一般通过 setXXX 方法传入参数值,但这个方法在本题中不适用。本题只能使用"… order by "+… 的方法。参考代码如下:

```
public List listProductByItem(String item) {
```

```
        List list=new ArrayList();
        //注意此处的查询语句
        String sql="select * from Product order by "+item;
        ////错误代码:
        // String sql="select * from Product order by  ?";
        // pstmt.setString(1,item);
        //此处不可以使用"?"占位符
        try {
            Connection conn=ConnectionManager.getConn();
            PreparedStatement pstmt=conn.prepareStatement(sql);
            ResultSet  rs=pstmt.executeQuery();
            while(rs.next()) {
                Product product=new Product ();
                product.setId(rs.getInt("id"));
                product.setType(rs.getString("type"));
                product.setName(rs.getName("name"));
                product.setMakeTime(rs.getString("makeTime").substring(0, 10));
                list.add(product);
            }
        } catch (Exception e) {
            e.printStackTrace();
        } finally{
            ConnectionManager.closeAll(conn, pstmt, rs);
        }
        return list;
    }
```

10.2　习题解答

1. JDBC API 中常用的类和接口有哪几个？

参考答案：

常用的类和接口包括 DriverManger 类、Connection 接口、Statement 接口、PreparedStatement 接口和 ResultSet 接口。

2. Statement 接口与 PreParedStatement 接口有什么区别？

参考答案：

PreparedStatement 接口继承自 Statement 接口，它具有 Statement 的所有方法，同时添加了一些新的方法。它们的区别主要有以下两点：

- PreparedStatement 接口包含已编译的 SQL 语句，而 Statement 没有。
- PreparedStatement 接口中的 SQL 语句可包含若干个 in 参数，也可用"?"占位符，而 Statement 没有。

3. 修改例 10-3，为 InsertUser 类添加两个方法实现如下功能：

（1）根据用户 ID 添加删除用户方法 del(int userId)。

（2）根据用户 ID 修改用户密码方法 update(int userId,String password)。

参考答案：

```java
import java.sql.*;
public class Ex03 {
    private Connection con;
    private PreparedStatement pstmt;
    public int del(int userId){
        int result=0;
        con=ConnectionManager.getConnection();        //得到数据库连接
        try {
            String sql="delete from userinfo where userid=?";
            pstmt=con.prepareStatement(sql);          //创建 PreparedStatement 对象
            pstmt.setInt(1,userId);
            result=pstmt.executeUpdate();             //执行删除操作
        } catch (SQLException e) {
            e.printStackTrace();
        }
        finally {
        ConnectionManager.closeStatement(pstmt);      //释放 PreparedStatement 对象
        ConnectionManager.closeConnection(con);       //关闭与数据库连接
        }
        return result;
    }
    public int update(int userId,String password){
        int result=0;
        con=ConnectionManager.getConnection();        //得到数据库连接
        try {
            String sql="update userinfo set password=? where userId=?";
            pstmt=con.prepareStatement(sql);          //创建 PreparedStatement 对象
            pstmt.setString(1,password);
            pstmt.setInt(2,userId);
            result=pstmt.executeUpdate();             //执行更新操作
        } catch (SQLException e) {
            e.printStackTrace();
        }
        finally {
        ConnectionManager.closeStatement(pstmt);      //释放 PreparedStatement 对象
        ConnectionManager.closeConnection(con);       //关闭与数据库连接
        }
        return result;
    }
}
```

4. 已知与表 userinfo 对应的实体类为 UserInfo,代码如下:

```java
public class UserInfo{
  private int userId;
  private String username;
  private String password;
  //相应的 set 和 get 方法省略
}
```

创建一个 OpUserInfo 类,添加相应方法实现如下功能:

(1) 根据用户名和密码查询用户信息,如果找到满足条件用户则返回 1,否则返回 0。

(2) 根据用户名进行模糊查询,返回值为一个 List 类型的实例,数组实例中存放的是 UserInfo 类的对象。可参照例 10-10。

参考答案:

```java
import java.sql.*;
import java.util.ArrayList;
import java.util.List;

public class Ex04 {
    private Connection connection;
    private PreparedStatement UserQuery;
    private ResultSet results;
    public int getByUserAndPwd(String username,String password){
        int result=0;
        try {
            connection=ConnectionManager.getConnction();
            UserQuery=connection.
                prepareStatement("SELECT * from userinfo where userid=?
                and password=?");
            UserQuery.setString(1,username);
            UserQuery.setString(2,password);
            ResultSet results=UserQuery.executeQuery();
            if(results.next()) {
                result=1;
            }
        }
        catch (SQLException exception) {//处理数据库异常
            exception.printStackTrace();
        }
        //释放资源
        finally {
            ConnectionManager.closeResultSet(results);
            ConnectionManager.closeStatement(UserQuery);
            ConnectionManager.closeConnection(connection);
```

```
        }
        return result;
    }
    public List getByUser(String username) {
        List UserList=new ArrayList();
        try {
            connection=ConnectionManager.getConnction();
            UserQuery=connection
                    .prepareStatement("SELECT * FROM userinfo where username like
                    '%"+username+"%'");
            ResultSet results=UserQuery.executeQuery();
            //读取行数据
            while (results.next()) {
                UserInfo userinfo=new UserInfo();
                //将数据表中的一条记录数据添加到封装类中
                userinfo.setUserId(results.getInt(1));
                userinfo.setLoginName(results.getString(2));
                userinfo.setPassword(results.getString(3));
                UserList.add(userinfo);
            }
        }
        //处理数据库异常
        catch (SQLException exception) {
            exception.printStackTrace();
        }
        //释放资源
        finally {
            ConnectionManager.closeResultSet(results);
            ConnectionManager.closeStatement(UserQuery);
            ConnectionManager.closeConnection(connection);
        }
        return UserList;
    }
}
```

5. 在例 10-5 和例 10-6 基础上，为 account 表添加查询功能：根据用户账号查询用户的余额，如果查找到则返回余额，如果未找到则返回－1。

参考答案：

```
import java.sql.*;
public class Ex05 {
    private Connection con;
    private PreparedStatement pstmt;
    private ResultSet res;
    //根据用户账号查询记录
```

```java
public double findById(int id) {
    double result=-1;
    con=ConnectionManager.getConnction();        //得到数据库连接
    try {
        String sql="select balance from account where id=?";
        pstmt=con.prepareStatement(sql);         //创建 PreparedStatement 对象
        pstmt.setInt(1,id);
        res=pstmt.executeQuery();                //执行查询操作
        if(res.next())
            result=res.getDouble(1);
    } catch (SQLException e) {
        e.printStackTrace();
    }
    finally {
            //释放 ResultSet 对象
        ConnectionManager.closeResultSet(res);
            //释放 PreparedStatement 对象
        ConnectionManager.closeStatement(pstmt);
        ConnectionManager.closeConnection(con);   //关闭与数据库的连接
    }
    return result;
}
}
```

第 11 章 Java Web 概述与 Web 发布

11.1 例题解析

例 11.1.1 在运行 Web 项目时，IE 中出现如图 1-11-1 所示的错误信息，试分析出错的原因。

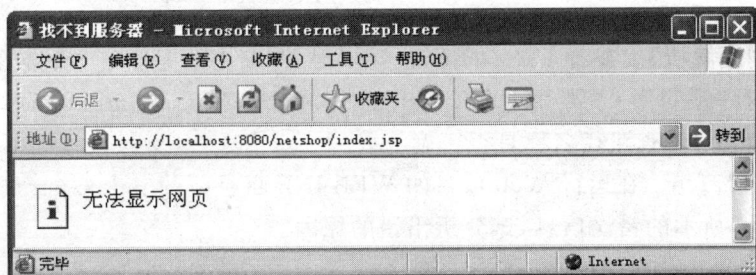

图 1-11-1 没有启动 Tomcat

【例题解析】 根据出错页面判断，没有找到需要的服务器。可能是服务器没有启动，或者启动服务器的端口不是 8080。查看控制台的信息，有没有显示 Tomcat 已经启动的信息；如果已经启动，检查启动的端口号是不是 8080。通过启动 Tomcat 服务器或者更改启动的端口号解决该问题。

例 11.1.2 在运行 Web 项目时，IE 中出现如图 1-11-2 所示的错误信息，试分析出错的原因。

图 1-11-2 未部署 Web 应用

【例题解析】 如果 Tomcat 服务器已经启动,出现上述错误的原因是没有部署 netshop 项目,按照步骤正确部署 netshop 项目后,该问题就可解决。

例 11.1.3 在运行 Web 项目的 index.jsp 页面时,IE 中出现如图 1-11-3 所示的错误信息,试分析出错的原因。

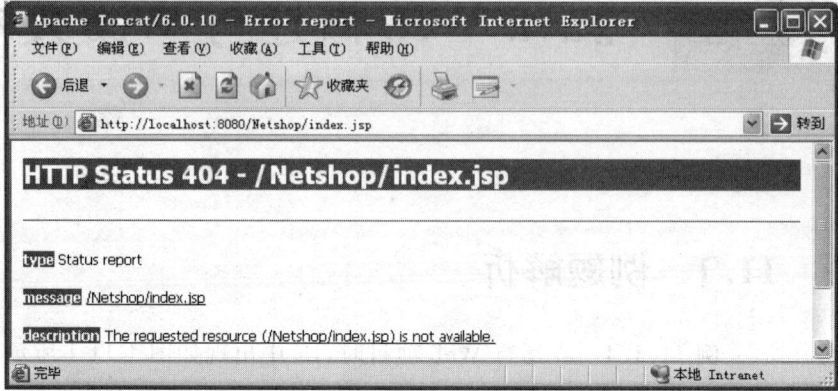

图 1-11-3 URL 输入不正确

【例题解析】 查看 URL 的协议、端口号,判断书写是否正确;接着查看上下文路径,通过查看"项目"→"属性"→MyEclipse→Web→Web Context-root,或者查看部署的 Server 名称,检查路径名称是否正确。

例 11.1.4 在运行 Web 项目的 WEB-INF 目录下的 index.jsp 页面时,IE 中出现如图 1-11-4 所示的错误信息,试分析出错的原因。

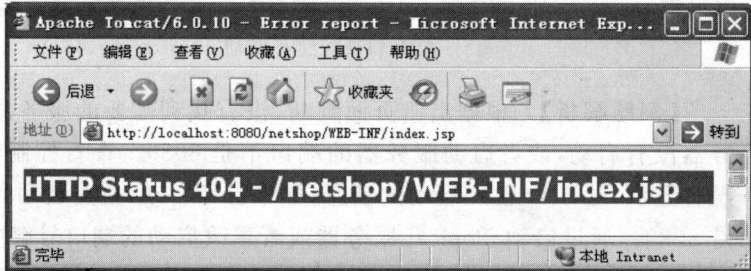

图 1-11-4 非法访问目录

【例题解析】 检查 index.jsp 是否保存在 WEB-INF 目录中,由于 WEB-INF 和 META-INF 目录中的文件是无法对外发布的,因而可以把文件转移到其他目录下再进行访问。

11.2 习题解答

1. 怎样理解 HTTP 是无状态协议? HTTP 协议默认端口号是多少?
参考答案:

HTTP 是一个无状态协议；客户端与服务器端通信之前将建立一个连接，传递相关的信息，然后服务器端会关闭这个连接，在服务器端不会保存任何客户端的信息。在客户端和服务器端进行下一次通信时，会重复第一次的过程，不会保留任何信息，这就是所谓的无状态协议。HTTP 协议默认端口号是 80。

2. 通过 HTTP 协议向服务提交请求有哪两种方式？它们有什么区别？

参考答案：

有两种方式：一种是 Get 方式，另一种是 Post 方式。它们的区别有两个方面：第一，用 Get 方式提交的数据在地址栏中是可见的，而 Post 方式是不可见的；第二，用 Get 方式提交数据时有长度限制，而 Post 方式则没有长度的限制。

3. 在服务器返回的头信息中状态码 200 和 404 分别表示什么含义？

参考答案：

状态码 200 表示已成功处理了用户的请求；状态码 404 代表输入的 URL 地址不存在或者不可访问，即没有访问权限。

4. Tomcat 由哪几个组件组成，它们的关系如何？

参考答案：

Tomcat 由 Engine 组件、Host 组件和 Context 组件三个组件构成；这三个组件分别代表不同的服务范围；其中 Engine 组件的范围大于 Host 组件，而 Host 组件的范围大于 Context 组件。

5. 在 MyEclipse 中如何配置和启动 Tomcat？

参考答案：

在 MyEclipse 中通过加载 Tomcat 插件；设置 CLASSPATH 变量；设置 Tomcat 服务器的路径的方法配置 Tomcat。如果成功配置了 Tomcat 服务器，可以在 MyEclipse 的工具栏中启动 Tomcat；或者在 Server 窗体中启动 Tomcat 服务器。

6. 简述 Java Web 的目录结构。

参考答案：

在成功创建了一个 Java Web 项目后，会自动生成两个目：一个是 src 目录，用来存放类源文件；另一个是 WebRoot 目录，存放静态网页和动态网页，在 WebRoot 目录下有 WEB-INF 和 lib 两个子目录，WEB-INF 存放受保护的文件，lib 目录存放 Java Web 工程使用到的 jar 包。

第 12 章 JSP 技术

12.1 例题解析

例 12.1.1 在某个 JSP 页面中有如下 4 行注释,运行该页面后,在客户端能看到的注释内容是(　　)。

A) <%-- <% int i ;%> --%>

B) <!-- Hello Baby -->

C) <% // 注释 %>

D) <% / * * 注释 * / * >

【例题解析】 在 JSP 页面中可以出现的注释类型有以上列举的 4 种,其中只有 B 是用户可以在客户端看到的;其他选项在客户端都不能看到。简而言之,记住一点:有"%"的注释客户端是一定看不到的。

例 12.1.2 有 page 指令<%@ page import = "java. util. * ,java. text. * " %>,下面选项中与该指令等价的是(　　)。

A) <%@page import = "java. util. * "; %>
  <%@page import = "java. text. * "; %>

B) <%@page import = "java. util. * java. text. * " %>

C) <%@page import = "java. util. * "; %>
  <%@page import = "java. text. * "; %>

D) <%@page import = "java. util. * ; java. text. * " %>

【例题解析】 JSP 页面中可以包含多条 page 指令,每条 page 指令完成相似的功能,page 指令的"import"属性可以导入多个资源包,各个包之间必须用分隔符","隔开。本题的答案是 C。

例 12.1.3 在某个 JSP 页面中存在代码行:

```
<%="2"+"3" %>,<%=2+"3" %>,<%="2"+3 %>,<%=2+3 %>
```

执行该 JSP 后,对应的输出结果是(　　)。

A) 5,23,23,23   B) 5,23,23,5

C) 23,23,23,23   D) 23,23,23,5

【例题解析】 在 JSP 中,运算符"＋"有三种功能:表示正数、连接字符串、实现两个数值型数据的加法功能。在本题中,"2＋3"实现的是算术加,其他三个表达式都是实现字符串的连接功能。本题的答案是 D。

例 12.1.4 在某个 JSP 页面中存在代码行:

```
<%int i=1; %>
i=<%=++i %>
<%!int j=2; %>
j=<%=++j %>
<%!static int z; %>
z=<%=++z %>
```

启动 IE 窗口运行上述 Java 代码,连续刷新两次,页面的输出结果是( )。

A) 程序出错,因为 z 没有初始化   B) 输出结果:i＝2 j＝5 z＝3

C) 输出结果:i＝3 j＝5 z＝1   D) 输出结果:i＝4 j＝5 z＝1

【例题解析】 在 JSP 页面中,根据定义变量的方法不同,变量的作用域也是有区别的;在"＜％ ％＞"中定义变量时,必须赋初值;而用"＜％!％＞"在页面中声明变量时,可以不设置初值,系统会自动为变量赋初值。在本题的代码中,定义了一个页面级的变量 i,作用域是整个页面,每次刷新页面时,重新定义该变量;对于变量 j 和 z,在刷新页面后,原来的值仍然保留。本题的答案是 D。

例 12.1.5 表达式＜％＝1＝＝3％＞的运行结果是_____。小脚本＜％ 1＋3;％＞的运行结果是_____。

【例题解析】 本题是考核关于表达式和小脚本的语法规则,在表达式中,先做"＝"后面的语法单元,显然"1＝＝3"为假,所以第一个空填"false";在小脚本中进行算术运算时,必须包含赋值运算符,所以第二个空填"出现语法错误"。

例 12.1.6 JSP 内置对象 request 的 getParameterValues() 方法返回值的类型是_____。

【例题解析】 request 对象有两个方法获取页面传递的参数值,getParameter()方法获取单个参数的值,返回类型是 String;getParameterValues()方法获取多个同名参数的值,返回类型是"String[]"。

例 12.1.7 试分析＜％include％＞指令和＜jsp:include＞动作的区别。

【例题解析】 include 指令的功能是,在编译当前 JSP 文件时,把 include 指令指定的外部文件代码插入到 include 指令所在的位置,然后与当前 JSP 文件一起编译,如果嵌入的代码发生了变化,则当这个 JSP 页面下次被请求时会重新嵌入代码。include 动作指定的文件代码,在当前 JSP 页面的转换期是不被嵌入的,只有在客户端发出请求时,所包含的文件代码才会被动态地编译和载入。另一方面,include 动作在载入代码时,可以通过＜jsp:parm＞动作传递参数,而 include 指令没有这项功能。

例 12.1.8 编写一个 JSP 页面,提供一组复选框,让用户选择自己的业余爱好,提交后输出用户的所有选择项。

【例题解析】 本题考核 request 对象的 getParameterValues() 方法的使用。

参考答案：

```
//hobby.jsp 文件：
    <%@  page language="java" contentType="text/html; charset=GBK"%>
    <html>
    <head><title>选择自己的爱好</title></head>
    <form name="myform" method=post action="result.jsp">
    请选择您的业余爱好：
    <input type="checkbox" name="hobby" value="唱歌">唱歌
      <input type="checkbox" name="hobby" value="跳舞">跳舞
    <input type="checkbox" name="hobby" value="足球">足球
    <input type="checkbox" name="hobby" value="篮球">篮球
    <input type="submit" value="提交">
    </form>
    </html>
//result.jsp 文件
    <%@  page language="java" contentType="text/html; charset=GBK"%>
    <html>
    <head><title>个人爱好</title>
    </head>
    <body>
    <%
    request.setCharacterEncoding("GBK");
    String strhobby="";
    String[] hobbies=request.getParameterValues("hobby");
    if (hobbies !=null) {
        for (int i=0; i<hobbies.length; i++) {
            strhobby+=hobbies[i]+" ";
        }
    }
    %>
    您选择的个人爱好:<b><%=strhobby%></b>
    </body>
    </html>
```

例 12.1.9　试编写一个 JSP 页面,产生一个 1~100 间的随机数,根据用户输入的数字判断是猜中了还是猜错了,并提示是大了还是小了,同时统计用户猜数的次数。

【例题解析】　本题用到了 request 和 session 类型变量的设置和修改,并考核了随机数的获取方法。

参考答案：

```
    <%@page language="java" import="java.util.*" pageEncoding="GBK"%>
<%
    int  guessNum=0;
    int  randomNum=0;
```

```
    int    count=0;
    boolean success=false;
    boolean compare=false;
    try{
        guessNum=Integer.parseInt(request.getParameter("guessNum"));
        randomNum=Integer.parseInt(request.getParameter("randomNum"));
        count=Integer.parseInt(request.getParameter("count"));
        if(guessNum==randomNum){
            count++;
            success=true;
        }
        else{
            count++;
            success=false;
            if(guessNum>randomNum){
                compare=true;
            }else{
                compare=false;
            }
        }
        if(success){
            randomNum=(int)(Math.random()*100);
        }
    }catch(Exception e){
        guessNum=0;
        randomNum=0;
        count=0;
        success=false;
        randomNum=(int)(Math.random()*100);
    }
%>
<html>
  <head><title>猜数</title></head>
  <body>
    <h1>猜一猜</h1>
    <%if(!success){%>
    <form action="guess.jsp" method="post" onsubmit="return isNum()">
        <input type="hidden" name="randomNum" value="<%=randomNum%>"/>
        <input type="hidden" name="count" value="<%=count%>"/>
        输入数字:<input type="text" name="guessNum" checked="checked"/>
        <input type="submit" value="猜一下"/>
        <%if(count!=0){%>
        <h3><%=compare?"猜大了":"猜小了"%></h3>
        <%}%>
```

```
    <h2>你猜了<%=count %>次</h2>
  </form>
<%}else{ %>
恭喜你,猜对了,你猜了<%=count %>次
<a href="guess.jsp">再玩一次</a>
<%} %>
 </body>
</html>
```

12.2　习题解答

1. JSP 页面中<!--->注释与<%--->注释有何区别?

参考答案:

在 JSP 中,<!--->注释在客户端是可见的,就是说用户访问所在页时能够看到这段注释;而<%--%>注释在客户端是不可见的,就是说用户不能看到这段注释的内容,只有软件开发人员才能看到。

2. 在 JSP 页面声明<%!…%>中定义的变量与在 JSP 程序段<%…%>中定义的变量有何不同?

参考答案:

在 JSP 中,<%!…%>中声明的变量相当于 static 变量,系统会自动给它赋初值,它的作用域是整个页面,用户再次请求该页面时,该变量的值会被保留;而<%…%>中声明的变量需要显式初始化,赋予初值,当用户再次请求页面时,该变量会再次被初始化。换一种说法就是:<%!…%>中声明的变量相当于全局变量;而<%…%>中声明的变量相当于局部变量。

3. 编写一个 JSP 程序,要求设置一个计数器,并输出访问该页面的次数。

参考答案:

```
<%@page language="java" pageEncoding="gbk"%>
<html>
  <body>
  <%
   int count=0;
   if(application.getAttribute("count")!=null)
     count=(Integer)application.getAttribute("count");
  %>
   一共有<%=++count%>访问该页面
  <%application.setAttribute("count",count); %>
  </body>
</html>
```

4. 编写一个 JSP 程序,输出当前系统日期,日期格式为 YYYY 年 MM 月 DD 日。

参考答案:

```
<%@page language="java" import="java.util.*,java.text.*" pageEncoding="
```

```
gbk"%>
<html>
  <body>
  <%
    Date dt=new Date();
    SimpleDateFormat smf=new SimpleDateFormat("yyyy 年 MM 月 dd 日");
    out.print(smf.format(dt));
  %>
  </body>
</html>
```

5. 编写一个 JSP 页面,利用 for 循环语句动态生成如表 1-12-1 所示的表格。

表 1-12-1   示例表格

第 1 列	第 2 列	第 3 列	第 4 列	第 5 列
1	2	3	4	5
6	7	8	9	10
11	12	13	14	15

参考答案:

```
<%@page language="java" pageEncoding="gbk"%>
<html>
<style type="text/css">
<!--
.STYLE2 {font-size: 24px}
-->
</style>
  <body>
  <table width="279" border="1">
    <caption class="STYLE2">
      自动生成的表格
    </caption>
    <tr>
      <th width="65" bgcolor="#99CC99" scope="col">第 1 列</th>
      <th width="65" bgcolor="#99CC99" scope="col">第 2 列</th>
      <th width="65" bgcolor="#99CC99" scope="col">第 3 列</th>
      <th width="65" bgcolor="#99CC99" scope="col">第 4 列</th>
      <th width="101" bgcolor="#99CC99" scope="col">第 5 列</th>
    </tr>
    <%for(int i=0;i<12;i+=5){ %>
    <tr>
      <td align="center"><%=i+1 %></td>
      <td align="center"><%=i+2 %></td>
      <td align="center"><%=i+3 %></td>
```

```
        <td align="center"><%=i+4 %></td>
        <td align="center"><%=i+5 %></td>
      </tr>
     <%} %>
     </table>
     </body>
</html>
```

6. 制作一个网站的首页,页面由上、中、下三个部分组成,每一部分都是一个独立的 JSP 页面。上面页面由一个 Logo 图片组成,下面页面是相关版权信息和联系方式,中间页面是正文。在网站的首页 index.jsp 中用 include 指令将三个页面组织在一起。

参考答案:

```
//top.jsp 页面
  <html>
  <body>
  <img src="a.gif">
  </body>
  </html>
//center.jsp 页面
  <%@ page contentType="text/html; charset=gb2312" pageEncoding="gb2312"%>
  <html>
  <body>
  我的组合页面!!
  </body>
  </html>
//bottom.jsp 页面
  <%@ page contentType="text/html; charset=gb2312"  pageEncoding="gb2312"%>
  <html>
  <body>
  版权所有,联系方式:0513-8358888
  </body>
  </html>
//total.jsp 页面
  <html>
  <body>
  <%@ include file="top.jsp" %><br/>
  <%@ include file="center.jsp" %><br/>
  <%@ include file="bottom.jsp" %>
  </body>
  </html>
```

7. 建立一个描述图书信息的 BookBean,这个 Bean 有书号 isbn 和标题 title 两个属性。编写一个 book.jsp 页面,useBean 标准动作创建 BookBean 的实例,setProperty 为 Bean 的两个属性赋值,分别用 getProperty 和 JSP 表达式两种方式在页面上输出两个属性的值。

参考答案:

```
//BookBean 类
    public class BookBean {
    private String ISBN;
    private String title;
    public BookBean() {
        super();
    }
    public String getISBN() {
        return ISBN;
    }
    public void setISBN(String isbn) {
        ISBN=isbn;
    }
    public String getTitle() {
        return title;
    }
    public void setTitle(String title) {
        this.title=title;
    }
    }
//book.jsp 页面
    <%@page language="java" contentType="text/html; charset=gb2312"
        pageEncoding="gb2312"%>
    <html>
    <head>
    <title>BOOK 页面</title>
    </head>
    <body>
    <jsp:useBean id="book" class="BookBean"/>
    <jsp:setProperty property="ISBN" value="320101010" name="book"/>
    <jsp:setProperty property="title" value="Java 编程" name="book"/>
    使用表达式输出:<br/>
    书的 ISBN 号:<%=book.getISBN()%><br/>
    书的标题:<%=book.getTitle() %>
    <br/>
    使用 getProperty 输出:<br/>
    书的 ISBN 号:<jsp:getProperty property="ISBN" name="book"/><br/>
    书的标题:<jsp:getProperty property="title" name="book"/>
    </body>
    </html>
```

8. 修改例 12-10 代码,在第一个输入页面中增加"联系方式"和相应文本框。在第二个页面中输出第一个页面提交的所有信息。

参考答案：

```
<tr><td>性　　　别:</td>
    <td><input type="radio" name="rdo" value="先生"checked>
    <font size="3">男</font>
    <input type=radio name=rdo value="女士"><font size="3">女</font></td></
    tr>
//添加的代码:
<tr><td>联系方式:</td>
<td><input type="text" size="18" name="lxfs"></td></tr>
……
性别:<%=request.getParameter("rdo") %><br/>
//添加的代码:
联系方式:<%=request.getParameter("lxfs") %><br/>
……
```

9. 在习题 7 的基础上,将 BookBean 实例保存在 session 中,通过 forward 标准动作转发到 book1.jsp 页面,在此页面输出 session 中保存的 BookBean 实例的两个属性的值。

参考答案：

```
//BookBean 类见习题 7
//book.jsp 页面
    <%@page language="java" import="entity.BookBean"%>
    <html>
    <body>
    <%
        BookBean bb=new BookBean();
        bb.setISBN("32001");
        bb.setTitle("Java Web");
        session.setAttribute("book",bb);
    %>
    <jsp:forward page="book1.jsp"></jsp:forward>
    </body>
    </html>
//book1.jsp 页面
    <%@page language="java" contentType="text/html; charset=gb2312"
    pageEncoding="gb2312"%>
    <%@page import="entity.BookBean"%>
    <html>
    <body>
    <%
    BookBean bk=(BookBean)session.getAttribute("book");
    out.print("传递的 Bean:"+bk.getISBN()+":"+bk.getTitle());
    %>
```

```
</body>
</html>
```

10. 为 12.6 节的网上书店编程示例的登录页面 index.jsp 添加验证码功能。实现思路：Random 类可产生指定范围的随机数,将产生的随机数保存在页面中,在 index.jsp 页面添加一个文本框输入验证码,在 checkUser.jsp 页面对提交过来的验证码文本框中的值与保存在 request 对象中的值进行比较。

参考答案：

（1）index.jsp 源代码：

```
<%@page contentType="text/html;charSet=GBK" pageEncoding="GBK"%>
<%@page import="java.util.Random"%>
//代码省略
<%
    Random ran=new Random();
    int val=ran.nextInt(100);
%>
//代码省略
  验证码:<input type="text" name="check" size="20">
  <%=val%>
  <input type="hidden" name="hidVal" value="<%=val%>"/></p>
//代码省略
```

（2）checkUser.jsp 源代码：

```
//代码省略
<%//得到 index.jsp 页面中控件名为 loginName 的文本框的值
    String name=request.getParameter("loginName");
    String password=request.getParameter("password");
    String check=request.getParameter("check");
    String hid=request.getParameter("hidVal");
    if(check.equals(hid)){
    //代码省略
    }
    //代码省略
```

11. 修改 12.6 节网上书店编程示例,将 checkUser.jsp 页面分为两个页面 checkUser.jsp 和 listBooks.jsp。要求：

（1）checkUser.jsp 页面负责用户的验证,如果是合法用户则转发到 listBooks.jsp 页面,如果是非法用户则转回登录页面 login.jsp。

（2）listBooks.jsp 页面通过获取 session 中的用户信息判断用户是否已登录,如果是已登录用户则显示图书信息,否则重定向到 login.jsp 页面。

参考答案：

（1）checkUser.jsp 源代码

```
<%@ page language="java" import="java.sql.*"%>
<html>
<body>
<%
    String name=request.getParameter("loginName");
    String password=request.getParameter("password");
  Class.forName("com.mysql.jdbc.Driver");
  Connection con=DriverManager.getConnection("jdbc:mysql://localhost:3306/
  books","root","11");
  Statement stmt=con.createStatement();
  String sql="select * from userinfo";
  sql+=" where loginname='"+name+"' and password='"+password+"'";
  ResultSet rs=stmt.executeQuery(sql);
  if (rs.next())
  {
      session.setAttribute("name",name);
      response.sendRedirect("listBooks.jsp");
  }else{
      response.sendRedirect("login.jsp");
  }
%>
</body>
</html>
```

(2) listBooks.jsp 源代码

```
<%@ page contentType="text/html; charset=GB2312"%>
<%@ page import="java.sql.*"%>
<html>
<head>
    <title>信息列表</title>
</head>
<body><h2 align="center">图书列表</h2>
    <table border="1">
<tr><td>ISBN</td><td>书名</td><td>版本</td><td>发布时间</td><td>价格</td>
</tr>
<%
    if(session.getAttribute("name")!=null){
        Class.forName("com.mysql.jdbc.Driver");
        Connection con=DriverManager.getConnection("jdbc:mysql://localhost:
        3306/books","root","11");
        Statement stmt=con.createStatement();
        String sql="select * from titles ";
        ResultSet results=stmt.executeQuery(sql);
        while(results.next()){
```

```
        %><tr>
        <td><%=results.getString("isbn") %></td>
        <td><%=results.getString("title") %></td>
        <td><%=results.getInt("editionNumber")%></td>
        <td><%=results.getString("copyright") %></td>
        <td><%=results.getDouble("price") %></td>
        </tr>
        <%}
    }else{
        response.sendRedirect("login.jsp");
    }%>
    </table>
</body>
</html>
```

第13章

CHAPTER

JavaBean

13.1 例题解析

例 13.1.1 有关 JSP 中 getProperty 与 setPriority 标准动作的使用，下面说法正确的是（   ）。

A）必须在使用 useBean 的前提下，才能使用

B）可以在不使用 useBean 的情况下使用

C）param 属性指定的名称必须与类的属性对应

D）以上说法都不对

【例题解析】 在使用以上两个标准动作之前，必须存在由标准动作 useBean 创建的对象；在使用 parm 属性给属性赋值时，指定的名称必须是输入数据的表单元素的名称，而与类的属性无关。因此本题的答案是 A。

例 13.1.2 在使用 setPriority 标准动作给 JavaBean 实例的属性赋值时，不可以使用（   ）方式。

A）value 属性

B）param 属性

C）＜％＝表达式％＞

D）＜jsp：setProperty name＝"user" property＝"username"＞admin
　　＜/jsp：setProperty＞

【例题解析】 在使用 setPriority 标准动作给属性赋值时，最常用的是通过 value 属性或 param 属性赋值；在使用 value 属性赋值时，可以直接使用常量赋值，也可以通过 JSP 表达式赋值。因此，本题的答案是 D。

例 13.1.3 使用 JSP 的标准动作 useBean、setPriority、getProperty 和 forward 实现用户的登录和验证功能。（使用 param 属性赋值）

【例题解析】 本题是综合题，在完成前需要复习相关标准动作的语法。

参考答案：

```
//登录页面:index.jsp
```

```
<%@page language="java" pageEncoding="gbk"%>
<html><head><title>登录页面</title></head>
<body>
<form action="login.jsp" method="post">
<table><tr>
  <td>用户名:</td>
  <td><input type="text"name="userName" /></td>
</tr><tr>
  <td>密   码:</td>
  <td><input type="password" name="password" size="21" /></td>
</tr><tr>
  <td><input type="submit" value="登录" /></td>
  <td><input type="reset" value="重置" /></td>
</tr></table>
</form>
</body></html>
//登录验证:login.jsp
<%@page language="java" pageEncoding="gbk"%>
<jsp:useBean class="entity.Users" id="user"/>
<!--使用 param 属性赋值-->
<jsp:setProperty property="userName" name="user" param="userName"/>
<jsp:setProperty property="password" name="user" param="password"/>
<html>
  <head><title>登录验证</title></head>
<body>
  <%
     if(user.getUserName().equals("admin") && user.getPassword().equals
     ("admin")){
     %>
     <jsp:forward page="success.html"/><!--成功页面-->
     <%
     }else{%>
     <jsp:forward page="fail.html"/>    <!--错误页面-->
     <%}%>
  </body>
</html>
//说明:实体类 entity.Users 自己设计
```

13.2　习题解答

1. 已知图书数据库 books 的订单表 bookOrder 结构如表 1-13-1 所示。

根据表 1-13-1 结构创建一个 BookOrderBean,要求包含表中的 6 个属性和相应的 set、get 方法。

表 1-13-1 bookOrder 结构

字 段	类 型	说 明
ordered	INTEGER	订单 ID
userName	Varchar(20)	用户名
zipcode	Varchar(8)	邮编
phone	Varchar(20)	电话
creditcard	Varchar(20)	卡号
total	double	金额

参考答案:

```
package entity;
public class BookOrderBean {
    private int ordered;
    private String userName;
    private String zipcode;
    private String phone;
    private String creditcard;
    private double total;
    public BookOrderBean() {}
    public BookOrderBean(int ordered, String userName, String zipcode,
            String phone, String creditcard, double total) {
        this.ordered=ordered;
        this.userName=userName;
        this.zipcode=zipcode;
        this.phone=phone;
        this.creditcard=creditcard;
        this.total=total;
    }
    public int getOrdered() {
        return ordered;
    }
    public void setOrdered(int ordered) {
        this.ordered=ordered;
    }
    //...setters 和 getters 方法
}
```

2. 例 13-2 中已经给出了数据库连接类 ConnectionManager,在此基础上创建第 1 题中表 bookOrder 数据库操作类 BookOrderDaoImpl,该类须实现 BookOrderDao 接口。BookOrderDao 接口代码:

```
public interface BookOrderDao {
    public List getBookOrderList();
}
```

要求在其实现类 BookOrderDaoImpl 中给出 getBookOrderList( )方法的具体实现，查询数据库得到订单列表。

参考答案：

```java
public List getBookOrderList()
{
    List list=new ArrayList();
    try {
        connection=ConnectionManager.getConnction();
        Query=connection
            .prepareStatement("SELECT * FROM bookOrder");
        ResultSet results=Query.executeQuery();
        while (results.next()) {
            BookOrderBean order=new BookOrderBean();
            order.setOrdered(results.getInt("ordered"));
            order.setUserName(results.getString("userName"));
            order.setZipcode(results.getString("zipcode"));
            order.setPhone(results.getString("phone"));
            order.setCreditcard(results.getString("creditcard"));
            order.setTotal(results.getDouble("total"));
            list.add(order);
        }
    }
    catch (SQLException exception) {
        exception.printStackTrace();
    }
    finally {
        ConnectionManager.closeResultSet(results);
        ConnectionManager.closeStatement(Query);
        ConnectionManager.closeConnection(connection);
    }
    return list;
}
```

3. 编写一个 JSP 页面 bookOrderList.jsp，页面以表格形式显示数据库 bookOrder 表中的所有数据。要求用 useBean 标准动作创建 BookOrderDaoImpl 的实例。

参考答案：

```jsp
<%@page language="java" contentType="text/html; charset=gb2312"
    pageEncoding="gb2312"%>
<%@page import="entity.*,java.util.List"%>
<html>
<head>
<title>订单列表</title>
```

```
</head>
<jsp:useBean id="bookDao" class="BookOrderDaoImpl"/>

<body>
<table width="527" height="70" border="1">
  <tr>
    <th width="81" scope="col">订单号</th>
    <th width="81" scope="col">用户名</th>
    <th width="81" scope="col">邮政编码</th>
    <th width="81" scope="col">电话号码</th>
    <th width="81" scope="col">银行卡号</th>
    <th width="82" scope="col">金额</th>
  </tr>
  <%
List list=bookDao.getBookOrderList();
for(int i=0;i<list.size();i++)
{
    BookOrderBean bean= (BookOrderBean)list.get(i);
%>
  <tr>
    <td><%=bean.getOrdered() %></td>
    <td><%=bean.getUserName() %></td>
    <td><%=bean.getZipcode() %></td>
    <td><%=bean.getPhone() %></td>
    <td><%=bean.getCreditcard() %></td>
    <td><%=bean.getTotal() %></td>
  </tr>
  <%}%>
</table>
</body>
</html>
```

4. 在习题 2 的基础上，BookOrderDao 接口添加以下两个方法：

```
Public int add(BookOrder bookOrder);              //添加订单
Public int del(int id);                           //删除订单
```

要求在其实现类 BookOrderDaoImpl 中实现这些方法。

参考答案：

```
public int add(BookOrderBean bookOrder)
{
    int result=0;
    try {
```

```
        connection=ConnectionManager.getConnction();
        Query=connection
            .prepareStatement("insert into bookOrder values(?,?,?,?,?,?)");
        Query.setInt(1,bookOrder.getOrdered());
        Query.setString(2,bookOrder.getUserName());
        Query.setString(3,bookOrder.getZipcode());
        Query.setString(4,bookOrder.getPhone());
        Query.setString(5,bookOrder.getCreditcard());
        Query.setDouble(6,bookOrder.getTotal());
        result=Query.executeUpdate();
    }
    catch (SQLException exception) {
        exception.printStackTrace();
    }
    finally {
        ConnectionManager.closeStatement(Query);
        ConnectionManager.closeConnection(connection);
    }
    return result;
}
public int del(int id)
{
    int result=0;
    try {
        connection=ConnectionManager.getConnction();
        Query=connection
            .prepareStatement("delete from bookOrder where ordered=?");
        Query.setInt(1,id);
        result=Query.executeUpdate();
    }
    catch (SQLException exception) {
        exception.printStackTrace();
    }
    finally {
        ConnectionManager.closeStatement(Query);
        ConnectionManager.closeConnection(connection);
    }
    return result;
}
```

5. 叙述 Model II 与 Model I 有何不同？

参考答案：

　　Model Ⅰ是一种 JSP＋JavaBean 的体系结构,其中 JSP 既负责数据的显示和传递,还负责控制数据的显示和存储;JavaBean 既充当数据实体对象,还用来访问数据库,返回相应的处理结果。Model Ⅱ是一种 JSP＋Servlet＋JavaBean 的体系结构,其中 JSP 只负责数据的显示和传递;Servlet 负责控制数据的显示和存储,同时负责处理数据库相关的操作;JavaBean 的功能仅仅是充当数据实体对象,用来在 JavaBean、JSP、Servlet 之间传递数据。可见,在 Model Ⅱ体系结构中,分层清晰、实现了显示和逻辑的分离。

第 **14** 章　Servlet 基础知识

14.1　例题解析

例 14.1.1　已知一个页面中有一个用户名的文本框,此页面提交给 servlet1 后,在 Servlet1 中显示此用户名,同时显示当前系统的日期。效果如图 1-14-1 和图 1-14-2 所示。

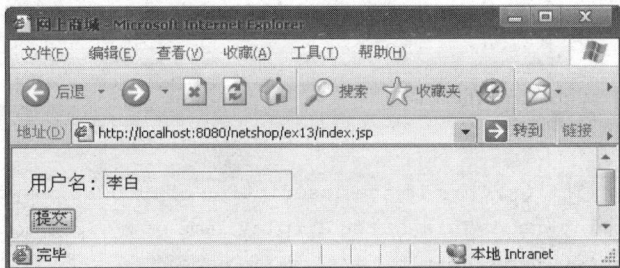

图 1-14-1　输入用户名页面

图 1-14-2　单击提交后的页面

输入用户名的页面 index.jsp 代码:

```
<%@page contentType="text/html; charset=GBK" %>
<html>
<head>
    <title>网上商城</title></head>
    <body>
```

```
<form action="/servlet1" method="get">
    用户名：<input type="text" name="name"/>
    <input type="submit" value="提交"/>    </form>
  </body>
</html>
```

处理数据的 servlet1. java 的 doGet()方法中的代码：

```
public void doGet(HttpServletRequest request, HttpServletResponse response)
        throws ServletException, IOException {

        response.setContentType("text/html;charset=gb2312");
        String name=request.getParameter("name");
        name=new String(name.getBytes("ISO-8859-1"),"gbk");
        SimpleDateFormat format=new SimpleDateFormat("yyyy-MM-dd");
        PrintWriter out=response.getWriter();
        Date d=new Date();
        out.println("当前系统日期:"+format.format(d));
        out.flush();
        out.close();
    }
```

配置文件 web. xml 的代码：

```
<servlet>
    <description>This is the description of my J2EE component</description>
    <display-name>This is the display name of my J2EE component</display-name>
    <servlet-name>servlet1</servlet-name>
    <servlet-class>ex13.servlet1</servlet-class>
  </servlet>
<servlet-mapping>
    <servlet-name>servlet1</servlet-name>
    <url-pattern>/servlet1</url-pattern>
  </servlet-mapping>
```

【例题解析】 创建 Servlet 时一定要在 web. xml 文件中进行 Servlet 的定义和映射的配置。Servlet 中的 doGet()方法可以处理客户端请求的数据，可通过 request 对象的 getParameter()方法得到客户端 form 中控件的值。

例 14.1.2 在 servlet 中有两种方法可实现页面的跳转：一个是 request. getRequestDispatcher（URL）. forward（request，response）；另一个是 response. sendRedirect(URL)，举例说明这两种方法有何不同。

通过第一种方法实现的是页面的转发，在转发后的页面中仍然可以得到保存在 request 中的变量。而通过第二种方法实现的是重定向，在重定向后的页面中的 request 中保存的变量已经丢失。现有下面的一个 servlet：RequestAndResponse. java 中的 doGet()方法中部分代码：

```
public void doGet(HttpServletRequest request, HttpServletResponse response)
        throws ServletException, IOException {
    response.setContentType("text/html");
    request.setAttribute("info","这是用 request 转发的页面");

    request.getRequestDispatcher("ch14/success.jsp").forward(request,
    response);
    }
```

在 ch14 下面的 success.jsp 页面代码为：

```
<body>
<%String info= (String)request.getAttribute("info");
%>
<%=info %>
</body>
```

在浏览器地址中输入 http://localhost:8082/javaEE_ex/ch14/RequestAndResponse 可看到如图 1-14-3 所示的画面。

图 1-14-3　通过 request 转发后的页面效果

如果将 RequestAndResponse.java 中的 doGet()方法中的页面跳转改为 response 重定向，代码如下：

```
public void doGet(HttpServletRequest request, HttpServletResponse response)
        throws ServletException, IOException {
    response.setContentType("text/html");
    request.setAttribute("info","这是用 request 转发的页面");

    //request. getRequestDispatcher ( " ch14/success. jsp"). forward (request,
    response);
    response.sendRedirect("ch14/success.jsp");    } //response 重定向
```

此时重新访问 http://localhost:8082/javaEE_ex/ch14/ RequestAndResponse 可看到如图 1-14-4 所示的画面。

【例题解析】　图 1-14-3 中的显示说明通过 request 转发到 JSP 页面后可得到保存在 request 中的 info 变量的值，而图 1-14-4 中的显示说明通过 response 重定向后的 JSP 页面中的 request 中保存的所有变量已经丢失。

图 1-14-4　通过 response 重定向后的页面效果

14.2　习题解答

1. HttpServlet 中的 doGet()和 doPost()方法的原型是什么?

参考答案:

doGet()方法的原型为:

```
public void doGet(HttpServletRequest request, HttpServletResponse response)
        throws ServletException, IOException {…}
```

doPost()方法的原型为:

```
public void doPost(HttpServletRequest request, HttpServletResponse response)
        throws ServletException, IOException {…}
```

2. Servlet 实例是什么时候创建的? 什么时候销毁的?

参考答案:

当启动 Servlet 容器(这里是 Tomcat)时,容器首先到发布目录的 WEB-INF 下查找一个配置文件(称为描述符文件)web.xml。根据其中的配置加载并创建相应的 servlet 实例。

Servlet 实例是由 Servlet 容器创建的,所以实例的销毁也是由容器来完成的。当 Servlet 容器不再需要某个 Servlet 实例时,容器会调用该 Servlet 的 destroy()方法,在这个方法内,Servlet 会释放掉所有在 init()方法内申请的资源,如数据库连接等。一般情况下,如果 Servlet 容器本身关闭,会释放所有的 Servlet 实例,但特殊情况下,如系统资源过低或一个 Servlet 很长时间没有被使用,Servlet 容器也会释放这个 Servlet。

3. JSP 与 Servlet 关系如何?

参考答案:

实际上,Servlet 是 JSP 的基础,也就是说,在执行 JSP 前要首先将 JSP 翻译成 Servlet,然后再执行 Servlet,所以一个 JSP 对应一个 Servlet。

4. 通过哪个对象可以获取 Web 容器的相关信息?

参考答案:

ServletContext 接口定义了一系列方法用于与相应的 Servlet 容器通信。每个 Web 应用只有一个 Servletcontext 实例,通过此接口可以访问 Web 应用的所有资源,也可以用于不同的 Servlet 间的数据共享,但不能与其他 Web 应用交换信息。因此可通过 ServletContext 的实例获取 Web 容器的相关信息。

5. 如何通过 HttpServletRequest 对象在 JSP 和 Servlet 之间或 Servlet 之间传递数据?

参考答案:

可以通过 HttpServletRequest 对象的 setAttribute(String name,Object o) 方法保存数据,然后在需要的时候通过 getAttribute(String name)方法获取对应的数据。

第 **15** 章

Servlet 的会话跟踪技术

15.1 例题解析

例 15.1.1 开发一个 servlet,在此 servlet 中显示当前会话的 ID 和创建的时间,运行效果如图 1-15-1 所示。

图 1-15-1 显示会话的 ID 和创建时间

【例题解析】

ShowSession. java 参考代码:

```
public class ShowSession extends HttpServlet{
    //定义响应头
    private static final String CONTENT_TYPE="text/html;charset=
    gb2312";
    public void doGet(HttpServletRequest request,HttpServletResponse
    response)
        throws ServletException,IOException{
    //设定响应头
    response.setContentType(CONTENT_TYPE);
    //定义 PrintWriter 对象
    PrintWriter out=response.getWriter();
    //定义 Session
    HttpSession session=request.getSession();
    //输出当前会话 ID
    out.println("<br/>会话 ID:"+session.getId());
```

```
                //输出当前会话创建时间
                out.println("<br/>创建时间:");
                out.println(new Date(session.getCreationTime()));
        }
    }
```

以上代码中可通过 session. getId()得到创建的会话 ID,通过 session. getCreationTime()
得到会话创建时间。

例 15.1.2 使用会话跟踪技术编写一个 servlet,它以表格形式显示会话 ID、会话创
建时间、最后访问的时间和以前访问的次数。如果客户是第一次访问则访问次数为 0,如
果是再次访问则每次访问次数加 1。效果如图 1-15-2 和图 1-15-3 所示。

图 1-15-2 第一次访问时的画面

图 1-15-3 第三次访问时的画面

【例题解析】

SessionCount. java 参考代码:

```java
public class SessionCount extends HttpServlet{
    public void doGet(HttpServletRequest request,HttpServletResponse response)
```

```
            throws ServletException,IOException{
        response.setContentType("text/html;charset=gb2312");
        PrintWriter out=response.getWriter();
        //定义 html-title
        String title="会话跟踪示例";
        //获取 Session
        HttpSession session=request.getSession(true);
        //定义 Strint 对象 heading,用于显示欢迎信息
        String heading;
        //accessCount 用于记录访问次数
        Integer accessCount=(Integer)session.getAttribute("accessCount");
        //判断是否第一次访问本网站,如果访问过,访问次数加一
        if(accessCount==null){
            accessCount=new Integer(0);
            heading="欢迎您第一次访问本网站";
        }else{
            heading="欢迎您再次访问本网站";
            accessCount=new Integer(accessCount.intValue()+1);
        }
        //将 accessCount 放入 session
        session.setAttribute("accessCount",accessCount);
        out.println("<body bgcolor=\"#FDF5E6\"> \n"+"<h1 align=\"center\">"
            +heading+"</h1>\n"+"<h2>有关您的会话信息:</h2>\n"
            +"<table border=1 align=\"center\">\n"
            +"<tr bgcolor=\"#ffad00\">\n"+"<th>信息类型</th><th>值</th>\n"
            +"<tr>\n"+"<td>ID\n"+"<td>"+session.getId()+"\n"
            +"<tr>\n"+"<td>创建时间\n"+"<td>"
            +new Date(session.getCreationTime())+"\n"+"<tr>\n"
            +"<td>最后访问的时间\n"+"<td>"
            +new Date(session.getLastAccessedTime())+"\n"+"<tr>\n"
            +"<tr>\n"+"<td>以前访问的次数\n"+"<td>"+accessCount+"\n"
            +"</table>\n"+"</body></html>");
    }
}
```

在第一次访问 SessionCount 时由于 session 中没有保存计数器变量 accessCount,所以为空,此时创建 accessCount 变量并保存在 session 中,当第二次访问时,可以从 session 中取出上次保存的变量 accessCount,并显示其值。

15.2　习题解答

1. HttpSession 对象是如何保存客户端信息的?

参考答案:

可通过 HttpSession 对象的 SetAttribute()方法保存客户端的信息。

2. 在 Servlet 中如何创建一个会话？

参考答案：

在 Servlet 中可以通过 HttpServletRequest 对象获得 HttpSession 对象，具体方法如下：

```
HttpSession session=request.getSession(Boolean value);
HrrpSession session=request.getSession();
```

3. 结束 HttpSession 对象的生命周期有哪几种方法？

参考答案：

可以通过以下三种方法中的任何一种结束 HttpSession 对象生命周期：

- 客户端关闭浏览器时，表示这一次会话结束，HttpSession 对象生命周期结束；
- 调用 HttpSession 的 invalidate() 方法，可结束 HttpSession 对象的生命周期；
- 两次访问服务器的时间间隔大于 session 定义的最大非活动时间间隔时，也会结束 session。

4. 已知用户表 userinfo 的结构如表 1-15-1 所示。

表 1-15-1　userinfo 表的结构

字　段	类　型	说　明	字　段	类　型	说　明
userId	int	用户 ID	password	Varchar(20)	密码
loginname	Varchar(20)	登录名			

要求：

（1）为表 userinfo 创建一个数据封装类 UserInfo。

（2）为表 userInfo 创建一个数据操作接口 UserDao 和实现类 UserDaoImpl，UserDao 接口如下：

```
package ch15;
Public interface UserDao{
Public UserInfo doLogin (String name, String
password);
}
```

（3）创建一个登录页面 index.jsp，输入用户名和密码，提交给 DoUser 类，这是一个 Servlet。

（4）在 DoUser 类中获取页面提交的数据，并调用 UserDaoImpl 类的 login 方法对用户的合法性进行验证。如果是合法用户则将用户信息保存在 session 中，并转发到成功页面 success.jsp，在此页面中将保存在 session 中的信息输出。如果不是合法用户则重定向到登录页面。

参考答案：

工程的目录结构如图 1-15-4 所示。

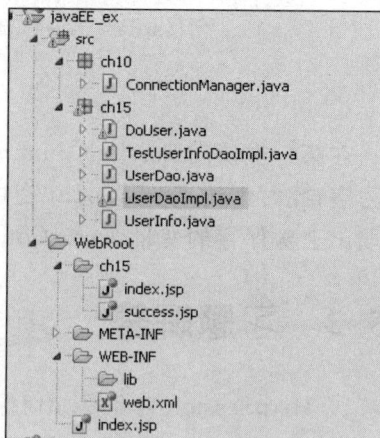

图 1-15-4　工程的目录结构

（1）表 userinfo 数据封装类

```
package ch15;
public class UserInfo {
    private int userId;
    private String loginName;
    private String password;
    public int getUserId() {
        return userId;
    }
    public void setUserId(int userId) {
        this.userId=userId;
    }
    public String getLoginName() {
        return loginName;
    }
    public void setLoginName(String loginName) {
        this.loginName=loginName;
    }
    public String getPassword() {
        return password;
    }
    public void setPassword(String password) {
        this.password=password;
    }
}
```

（2）UserDao 实现类 UserDaoImpl

```
package ch15;
public class UserDaoImpl implements UserDao {
    private Connection connection;
    private PreparedStatement query;
    private ResultSet results;
    public UserInfo doLogin(String name,String password) {
        //TQDO Auto-generated method stub
        connection=ConnectionManager.getConnction();
        UserInfo userInfo=null;
        try {
            query=connection.prepareStatement("SELECT loginname,password "
            +"FROM userinfo where loginname= '"+name+"' and password= '"+password
            +"'");
            ResultSet results=query.executeQuery();
            if(results.next()){
                userInfo=new UserInfo();              //创建一个封装类的实例
            //将当前记录数据添加到封装类中
            userInfo.setLoginName(name);
```

```
                    userInfo.setPassword(password);
                }
        } catch(SQLException e){
            //TODO Auto-generated catch block
            e.printStackTrace();
        }
        return userInfo;                                //返回 UserInfo 类的实例
    }}
```

(3) index.jsp 页面代码

```
<%@ page contentType="text/html;charSet=GBK"pageEncoding="GBK"%>
<html>
<head>
<meta http-equiv="Content-Type"content="text/html;charset=gb2312">
<title>用户名</title>
< script language="javascript"type="">
    function RegsiterSubmit(){                //对用户名和密码文本框进行不为空的校验函数
        with(document.Regsiter){
            var user=loginName.value;
            var pass=password.value;
            if(user==null||user==""){
                alert("请填写用户名");
            }
            else if(pass==null||pass==""){
                alert("请填写密码");
            }
            else submit();
        }
    }
</script>
</head>
<body>
< form method="POST" name="Regsiter" action="/javaEE_ex/doUser">
    <p align="left">
    用户名:<input type="text" name="loginName" size="20"></p>
    <p align="left">
    密  码:<input type="password" name="password" size="20"></p>
    <p align="left">
    < input type="button" value="提交" name="B1" onclick="RegsiterSubmit()">
    < input type="reset" value="重置" name="B2"></p>
</form>
</body>
</html>
```

（4）DoUser 类代码

```java
package ch15;
public class DoUser extends HttpServlet {
    public void doGet(HttpServletRequest request,HttpServletResponse response)
        throws ServletException,IOException {

    String name=request.getParameter("loginName");
    String password=request.getParameter("password");
    UserDao dao=new UserDaoImpl();
    UserInfo userInfo=dao.doLogin(name,password);
    if(userInfo!=null){
        request.getSession().setAttribute("loginname",userInfo.getLoginName());
        request.getRequestDispatcher("/ch15/success.jsp").forward(request,response);
    }
    else
        response.sendRedirect("ch15/index.jsp");
    }
}
```

Success.jsp 页面代码：

```jsp
<%@ page language="java" contentType="text/html;charset=gb2312"
    pageEncoding="gb2312"%>
<!DOCTYPE html PUBLIC "- //W3C//DTD HTML 4.01 Transitional//EN" "http://www.w3.org/
TR/html4/loose.dtd">
<html>
<head>
<meta http-equiv="Content-Type" content="text/html;charset=gb2312">
<title>Insert title here</title>
</head>
<body>
<%String name=(String)session.getAttribute("loginname");
 %>
欢迎<%=name%>惠顾
</body>
</html>
```

Web.xml 中 servlet 定义的代码：

```xml
<servlet>
    <servlet-name>DoUser</servlet-name>
    <servlet-class>ch15.DoUser</servlet-class>
</servlet>
<servlet-mapping>
    <servlet-name>DoUser</servlet-name>
    <url-pattern>/doUser</url-pattern>
</servlet-mapping>
```

第 *16* 章 过 滤 器

16.1 例题解析

例 16.1.1 在过滤器中如何得到 web. xml 配置文件中的初始化参数？

【例题解析】

首先在配置文件 web. xml 中相应的过滤器下配置＜init-param＞标签，通过此标签可为某一个过滤器设置初始化参数。例如可以在配置文件中设置字符编码格式，如下所示：

```
<filter>
    <!--Filter 的名字 -->
    <filter-name>setCharactorFilter</filter-name>
    <!--Filter 的实现类 -->
    <filter-class>com.setCharactorFilter</filter-class>
    <!--下面 init-param 元素配置字符集为 GBK -->
    <init-param>
        <param-name>encoding</param-name>
        <param-value>GBK</param-value>
    </init-param>
</filter>
```

在过滤器中可通过 FilterConfig 的 getInitParameter("enconding")方法得到配置文件中的初始化参数"GBK"。

例 16.1.2 设计一个过滤器实现以下功能：

(1) 在 web. xml 配置文件中设置字符集、登录页面和登录成功页面。

(2) 在过滤器中根据 session 中是否有用户的登录信息决定转发的页面。如果是未登录用户则转到登录页面，否则转到登录成功的页面。

【例题解析】

首先创建过滤器 LoninFilter，代码如下：

```
public class LoginFilter implements Filter
```

```
{
    //FilterConfig 可用于访问 Filter 的配置信息
    private FilterConfig config;
    //实现初始化方法
    public void init(FilterConfig config)
    {
        this.config=config;
    }
    //实现销毁方法
    public void destroy()
    {
        this.config=null;
    }
    //执行过滤的核心方法
    public void doFilter(ServletRequest request,ServletResponse response,FilterChain
    chain)
        throws IOException,ServletException
    {
        //获取该 Filter 的配置参数
        String encoding=config.getInitParameter("encoding");
        String loginPage=config.getInitParameter("loginPage");
        String proLogin=config.getInitParameter("proLogin");
        //设置 request 编码用的字符集
        request.setCharacterEncoding(encoding);
        HttpServletRequest requ= (HttpServletRequest)request;
        HttpSession session=requ.getSession(true);
        //获取客户请求的页面
        String requestPath=requ.getServletPath();
        //如果 session 范围的 user 为 null,即表明没有登录
        //且用户请求的既不是登录页面,也不是处理登录的页面
        if( session.getAttribute("user")==null
            &&!requestPath.endsWith(loginPage)
            &&!requestPath.endsWith(proLogin))
        {
            //forward 到登录页面
            request.setAttribute("tip","您还没有登录");
            request.getRequestDispatcher(loginPage)
                .forward(request,response);
        }
        //"放行"请求
        else
        {
            chain.doFilter(request,response);
        }
```

```
        }
    }
```

然后在 web.xml 配置文件中配置过滤器,过滤器部分代码如下:

```
<filter>
    <!--Filter 的名字 -->
    <filter-name>login</filter-name>
    <!--Filter 的实现类 -->
    <filter-class>com.LoginFilter</filter-class>
    <!--下面三个 init-param 元素配置了三个参数 -->
    <init-param>
        <param-name>encoding</param-name>
        <param-value>GBK</param-value>
    </init-param>
    <init-param>
        <param-name>loginPage</param-name>
        <param-value>/login.jsp</param-value>
    </init-param>
    <init-param>
        <param-name>proLogin</param-name>
        <param-value>/proLogin.jsp</param-value>
    </init-param>
</filter>
```

在过滤器中可通过 FilterConfig 的 getInitParameter("参数")方法,从 web.xml 中对应的过滤器定义的<init-param>元素得到对应的过滤器参数。注意此参数只在服务启动时加载到内存中,如果修改了此参数,必须重启服务才能有效。

16.2 习题解答

1. 已知有一个 index.jsp 页面,页面提交给 CheckServlet,对 Web 服务资源定义了两个过滤器 f1 和 f2,请画图说明 f1 和 f2 的工作过程。

参考答案:

如图 1-16-1 所示。

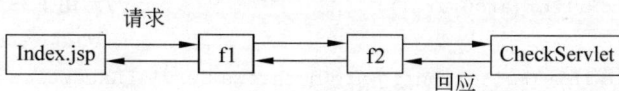

图 1-16-1　f1 和 f2 的工作过程

当页面向 CheckServlet 发出请求时,必依次通过过滤器 f1 和 f2,最后才能到达要请求的资源 CheckServlet。在 CheckServlet 中数据处理完成后要向客户端回应信息,在到达客户端之前同样要依次通过过滤器 f2 和 f1,与请求过程不同的是通过过滤器的次序是相反的。

2. 过滤器与 Servlet 有何不同？

参考答案：

Filter 必须实现 javax. Servlet. Filter 接口，并且必须定义以下三个方法：init()，destory()，doFilter()。

Servlet 一般继承 HttpServlet，当 URL 匹配这个 Servlet 的时候运行处理请求；如果加上 load-on-start 为 1 的时候，Web 应用启动时候加载此 Servlet。

3. 为 15 章习题 4 添加过滤器，实现在控制台上打印登录用户名和登录的时间。

参考答案：

创建过滤器类：Filter1. java

```java
package ch16;
import java.io.IOException;
import java.util.Date;
import javax.servlet.Filter;
import javax.servlet.FilterChain;
import javax.servlet.FilterConfig;
import javax.servlet.ServletException;
import javax.servlet.ServletRequest;
import javax.servlet.ServletResponse;
import javax.servlet.http.HttpServletRequest;
import javax.servlet.http.HttpServletResponse;
public class Filter1 implements Filter {
    public void destroy() {
        //TODO Auto-generated method stub
    }
public void doFilter(ServletRequest arg0,ServletResponse arg1,
        FilterChain arg2) throws IOException,ServletException {
    //TODO Auto-generated method stub
    HttpServletRequest request= (HttpServletRequest)arg0;
                              //将 ServletRequest 转换为 HttpServletRequest
    String name= request.getParameter("loginName");     //获取登录用户名
    System.out.println("登录用户为:"+name);          //控制台输出用户名
    System.out.println("登录时间为:"+new Date());     //输出当前系统时间
    arg2.doFilter(arg0,arg1);                //调用下一个 Filter 或调用资源
    }
    public void init(FilterConfig arg0) throws ServletException {
        //TODO Auto-generated method stub
    }
}
```

在 web. xml 中配置过滤器，代码如下：

```xml
<filter>
```

```
        <filter-name>filter1</filter-name>
        <filter-class>ch16.Filter1</filter-class>
    </filter>
    <filter-mapping>
        <filter-name>filter1</filter-name>
        <url-pattern>/*</url-pattern>
    </filter-mapping>
```

4. 为 15 章习题 4 添加过滤器,实现登录 IP 地址控制,只允许 IP 地址在 192.168.1.1 到 192.168.1.10 之间的用户登录,不在此范围内的用户拒绝登录。

参考答案:

过滤器 FilterIp 代码:

```java
package ch16;
//所需包省略
public class FilterIp implements Filter {
    private FilterConfig filterConfig;
        public void destroy() {
        //TODO Auto-generated method stub
    }
    public void doFilter(ServletRequest arg0,ServletResponse arg1,
            FilterChain arg2) throws IOException,ServletException {
        HttpServletRequest request= (HttpServletRequest)arg0;
                                //将 ServletRequest 转换为 HttpServletRequest
        HttpServletResponse response= (HttpServletResponse)arg1;
                                //将 ServletResponse 转换为 HttpServletResponse
        String s1=request.getRemoteHost();   //获取客户端的 IP 地址
        String s2=s1.replace(".","");    //将 IP 地址中的"."去掉,如 127.0.0.1 变为 127001
        int ip=Integer.parseInt(s2);        //将字符串转为 int 型数据

        if(ip< "19216811"||ip> "192168110"){
                            //如果用户的 IP 不在允许范围内则转发到 error.jsp 页面

            request.getRequestDispatcher("error.jsp").forward(request,response);
        }
        arg2.doFilter(arg0,arg1);        //调用下一个 Filter 或调用资源
    }

    public void init(FilterConfig arg0) throws ServletException {
    }
}
```

配置文件 web.xml 代码:

```xml
<filter>
```

```
    <filter-name>filterIp</filter-name>
    <filter-class>ch16.FilterIp</filter-class>
</filter>
<filter-mapping>
    <filter-name>filterIp</filter-name>
    <url-pattern>/*</url-pattern>
</filter-mapping>
```

第 *17* 章   EL 与 JSTL

17.1   例题解析

例 17.1.1   在 JSP 页面中使用 EL 表达式编写程序,该程序将使用用户输入的数据来操作当前页面的背景色、字号大小、表格宽度。效果如图 1-17-1 所示。

【例题解析】

Elexpression.jsp 代码:

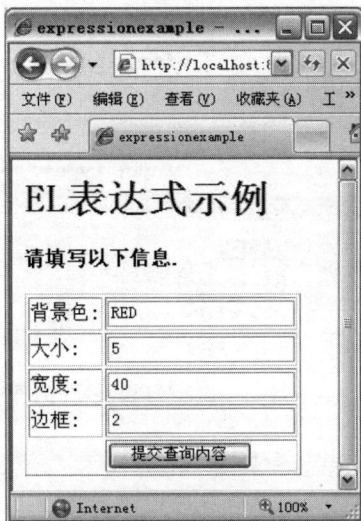

```jsp
<%@ page contentType="text/html;
charset=GBK"%>
<html>
<head>
<title>Elexpressionexample
</title>
</head>
<body bgcolor="${param.
background}">
<h1>EL 表达式示例</h1>
<b>请填写以下信息.</b>
<form action="elExpression.jsp">
<table border="${param.border}" width="${param.width}%">
    <tr>
        <td>
            <font size="${param.size}">背景色:</font>
        </td>
        <td>
            <input type="text" name="background"/>
        </td>
    </tr>
    <tr>
```

图 1-17-1   表达式语言更改页面属性

```
    <td>
        <font size="${param.size}">大小:</font>
    </td>
    <td>
        <input type="text" name="size"/>
    </td>
</tr>
<tr>
    <td>
        <font size="${param.size}">宽度:</font>
    </td>
    <td>
        <input type="text" name="width"/>
    </td>
</tr>
<tr>
    <td>
        <font size="${param.size}">边框:</font>
    </td>
    <td>
        <input type="text" name="border"/>
    </td>
</tr>
<tr>
    <td>    </td>
    <td>
        <input type="submit"/>
    </td>
</tr>
</table>
</form>
</body>
</html>
```

以上的例子说明了 param 对象的使用方法。param 对象的功能相当于 JSP 页面中的
request 对象,通过 param 对象可获得 JSP 页面中控件的值。从示例中可以看出,使用
param 对象比使用 request 对象要简单方便很多。

例 17.1.2 使用 forTokens 标签遍历用分隔符分隔的值的集合。

【例题解析】

```
<%@page contentType="text/html;charset=GBK"%>
<%@taglib uri="http://java.sun.com/jstl/core_rt" prefix="c"%>
<c:set var="language" value="Java:J2EE;JSP|VB" scope="page"/>
<%!
```

```
    String[] names={
        "Cat","Dog"};
%>
<html>
<head>
<title>宠物名称 Shop Stop</title>
</head>
<body>
<H1>图书类别</H1>
<c:forEach var="company" items="<%=names %> "> ${company}  <br/>
</c:forEach>
<br/>
< c: forTokens  items =" ${pageScope. language }" delims =":; |" var=" currentName"
varStatus="status">产品编号为#P000
    <c:out value="${status.count}"/>
    是
    <c:out value="${currentName}"/>
    <br/>
</c:forTokens>
</body>
</html>
```

以上的例子利用 forTokens 标签对 names 数组进行遍历得到其中的各个元素。forTokens 标签可以对任何集合类型的数据遍历,在遍历时要用 delims 属性指定分隔符。

17.2　习题解答

1. 在 JSP 页面中如何用 EL 表达式直接获取保存在 request 或 session 中的数据？

参考答案：

在 JSP 页面中可以通过 EL 表达式的 requestScope 对象获取保存在 request 中的数据,sessionScope 对象可获取保存在 session 中的数据。如在 request 中保存有一个字符串对象 name,则在 JSP 页面中可通过如下表达式获取 name 的值：${requestScope. name}。要想获取 session 中保存的对象 name 的值,可通过下式得到：${sessionScope. name}。

2. 如何用 EL 表达式获取 form 表单中控件的值？

参考答案：

如果表单中控件的名字为 name,则可通过${param. name}得到控件的值。

3. 如果定义了一个数组 String s1[]={"teacher","student"}。并将此数组保存在 request 对象中,请在 JSP 页面中用 EL 表达式和迭代标签输出数组 s1 所有元素的值。

参考答案：

```
<%@ page language="java" import="java.util. * " pageEncoding="gbk"%>
<%@ taglib uri="http://java.sun.com/jsp/jstl/core" prefix="c" %>
```

```
<html>
    <head>
        <title>forEach 标签</title>
    </head>
    <body>
        <%String s1[]={"teacher","student";
            request.setAttribute("list",s1);
        %>
        <c:forEach var="emp" items="${list}" varStatus="state">
        ${state.count}行值为${emp }<br>
        </c:forEach>
    </body>
</html>
```

4. 如果保存在 request 对象中的数据是一个对象 user,而这个对象有一个方法 getName( )
返回的是一个字符串,请给出在 JSP 页面中用 EL 表达式输出 getName( )值的表达式。

参考答案:

```
${requestScope.user.name}
```

5. 创建一个 JSP 页面,包含一个 10 行 5 列的表格,用 JSTL 的迭代标签和 EL 表达
式实现表格奇数行背景色为红色,偶数行背景色为白色。

参考答案:

```
<%@page language="java" import="java.util. * " pageEncoding="gbk"%>
<%@taglib uri="http://java.sun.com/jsp/jstl/core" prefix="c" %>
<html>
    <head>
        <title>forEach 标签演示</title>
    </head>
    <body>
        <%String s1[]={"1","2","3","4","5","6","7","8","9","10"};
            request.setAttribute("list",s1);
            String s2[]={"1","2","3","4","5"};
            request.setAttribute("list1",s2);
        %>
        <table border="1" >
        <c:forEach var="emp1" items="${list}" varStatus="state">
        <tr bgcolor=${state.count%2==1?"red":"white"}>
        <c:forEach var="emp1" items="${list1}" varStatus="state1">
        <td>${state1.count}</td>
    </c:forEach>
        </tr>
        </c:forEach>
        </table>
    </body>
</html>
```

第 **18** 章

CHAPTER

JSP 自定义标签

18.1 例题解析

例 18.1.1 创建一个标签处理类,此类的功能是将标签体中的所有大写字母全部转为小写字母。

【例题解析】

标签处理类 TagExample.java 的代码:

```java
package com;
import java.io.IOException;
import javax.servlet.jsp.JspWriter;
import javax.servlet.jsp.tagext.BodyContent;
import javax.servlet.jsp.tagext.BodyTagSupport;

public class Welcome extends BodyTagSupport {
    public void setBodyContent(BodyContent bc) {
        super.setBodyContent(bc);
        System.out.println("BodyContent='"+bc.getString()+"'");
    }

    public int doAfterBody() {
        try {
                BodyContent bodyContent=super.getBodyContent();
                String bodyString=bodyContent.getString();
                JspWriter out=bodyContent.getEnclosingWriter();
                out.print(bodyString.toLowerCase());
                bodyContent.clear();
        }catch (IOException e) {
            System.out.println("BodyContentTag.doAfterBody()中有错
                            误"+e.getMessage());
            e.printStackTrace();
        }
```

```
        return EVAL_PAGE;
    }
}
```

在此类中 BodyContent bodyContent＝super. getBodyContent()语句获得标签体中的内容,为了使用方便,通过 String bodyString＝bodyContent. getString()语句将标签体中的内容转为字符串。

例 18.1.2　编写标签库描述符文件 TagExample. tld,并将此文件保存在 WEB-INF目录中。

描述符文件 TagExample. tld 代码:

【例题解析】

```
<!DOCTYPE taglib
    PUBLIC "-//Sun Microsystems,Inc.//DTD JSP Tag Library 1.2//EN"
     "http://java.sun.com/dtd/web-jsptaglibrary_1_2.dtd">


    <!--标签库描述符 -->
<taglib xmlns="http://java.sun.com/JSP/TagLibraryDescriptor">
    <tlib-version>1.0</tlib-version>
    <jsp-version>1.2</jsp-version>
    <short-name>Simple Tags</short-name>
<tag>
        <name>simpletag</name>
        <tag-class>com.TagExample</tag-class>
        <body-content>jsp</body-content>
    </tag>
</taglib>
```

标签库描述符文件是必需的,JSP 页面只有通过此文件才能找到自定义标签对应的处理类。

例 18.1.3　使用前面的自定义标签类将标签体中的字符串转为小写字母,在 JSP 页面中调用此自定义标签。

【例题解析】

```
<%@taglib uri='WEB-INF/TagExample.tld' prefix='w'%>
<!--必须与 *.tld 中的标签名称一致-->
<%@page contentType="text/html;charset=gb2312"%>


<html>
    <body>
        <h1>
        <w:simpletag>这是一个自定义标签的例子:STUDENT</w:simpletag>
        </h1>
    </body>
```

```
</html>
```

JSP 页面中使用了 TagExample. tld 描述符文件中自定义标签 simpletag。

18.2 习题解答

1. 自定义一个标签,实现将标签体中的小写字母转为大写字母。

参考答案:

标签处理类 TagDemo1.java 的代码:

```
package ch18;
import java.io.IOException;
import javax.servlet.jsp.JspWriter;
import javax.servlet.jsp.tagext.BodyContent;
import javax.servlet.jsp.tagext.BodyTagSupport;
public class TagDemo1 extends BodyTagSupport {
    public void setBodyContent(BodyContent b){
        System.out.println(b);
        super.setBodyContent(b);
    }
    public void doInitBody(){
        System.out.println("doInitBody");
    }
    public int doAfterBody(){
        System.out.println("doAfterBody");
        BodyContent bodyContent=super.getBodyContent();
        String body=bodyContent.getString();
        JspWriter out=bodyContent.getEnclosingWriter();
        try {
            out.println(body.toLowerCase());
            bodyContent.clear();
        } catch (IOException e) {
            //TODO Auto-generated catch block
            e.printStackTrace();
        }
        return EVAL_PAGE;
    }
}
```

标签描述符文件 jb-common. tld 的代码:

```
<?xml version="1.0" encoding="UTF-8"?>
<!DOCTYPE taglib PUBLIC "-//Sun Microsystems, Inc.//DTD JSP Tag Library 1.1//EN"
"http://java.sun.com/j2ee/dtds/web-jsptaglibrary_1_1.dtd">
<taglib>
```

```
        <tlibversion>1.2</tlibversion>
        <jspversion>1.1</jspversion>
        <shortname>common</shortname>
        <tag>
            <name>tagDemo</name>
            <tagclass>ch18.TagDemo1</tagclass>
            <bodycontent>JSP</bodycontent>
        </tag>
</taglib>
```

在 JSP 页面中使用自定义标签：

```
<%@ page language="java" import="java.util. * " pageEncoding="gbk"%>
    <%@ taglib uri="/WEB-INF/jb-common.tld" prefix="page" %>
<%
String path = request.getContextPath();
String basePath = request.getScheme()+"://"+ request.getServerName()+":"+ request.
getServerPort()+path+"/";
%>


<!DOCTYPE HTML PUBLIC "-//W3C//DTD HTML 4.01 Transitional//EN">
<html>
  <head>
    <base href="<%=basePath%>">

    <title>My JSP 'tagDemo.jsp' starting page</title>

    <meta http-equiv="pragma" content="no-cache">
    <meta http-equiv="cache-control" content="no-cache">
    <meta http-equiv="expires" content="0">
    <meta http-equiv="keywords" content="keyword1,keyword2,keyword3">
    <meta http-equiv="description" content="This is my page">
    <!--
    <link rel="stylesheet" type="text/css" href="styles.css">
    -->

  </head>

  <body>
    自定义标签:<page:tagDemo>ABC</page:tagDemo>
  </body>
</html>
```

2. 修改例 18.1.1 标签处理类，为标签添加一个属性 length，在使用标签时可根据标签属性产生指定位数的验证码。

参考答案：

标签处理类 IdentifyingTag.java 的代码：

```java
package ch18;
import java.util.Random;
import java.io.*;
import javax.servlet.jsp.*;
import javax.servlet.jsp.tagext.BodyContent;
import javax.servlet.jsp.tagext.BodyTagSupport;
public class IdentifyingTag extends BodyTagSupport {
    private int length=10000;
    public int doStartTag() throws JspException{
        java.util.Random r=new java.util.Random();
        int n=r.nextInt(length);
        try{
        pageContext.getOut().print(n);
        }catch (IOException e) {
            //TODO Auto-generated catch block
            e.printStackTrace();
        }
        return EVAL_BODY_INCLUDE;
    }
    public int getLength() {
        return length;
    }
    public void setLength(int length) {
        this.length=length;
    }
}
```

标签描述符文件 jb-common.tld 的代码：

```xml
<?xml version="1.0" encoding="UTF-8"?>
<!DOCTYPE taglib PUBLIC "-//Sun Microsystems,Inc.//DTD JSP Tag Library 1.1//EN"
"http://java.sun.com/j2ee/dtds/web-jsptaglibrary_1_1.dtd">
<taglib>
    <tlibversion>1.2</tlibversion>
    <jspversion>1.1</jspversion>
    <shortname>common</shortname>
    <tag>
        <name>identifying</name>
        <tagclass>ch18.IdentifyingTag</tagclass>
        <bodycontent>JSP</bodycontent>
        <attribute>
        <name>length</name>
```

```
        <required>true</required>
        <rtexprvalue>true</rtexprvalue>
        </attribute>
    </tag>
</taglib>
```

在 JSP 页面中使用自定义标签 identifying：

```
<%@ page language="java" import="java.util. * " pageEncoding="gbk"%>
    <%@ taglib uri="/WEB- INF/jb- common.tld"prefix="page" %>
  <html>
  <head>
      <title>自定义标签示例</title>
      </head>
  <body>
    自定义标签产生的验证码为：<page:identifying length="1000"/><br>
    </body>
</html>
```

中◆篇

实　　验

实验 *1* Java 开发环境与开发工具

EXPERIMENT

实验目标

（1）熟悉 JDK 开发环境，掌握 jdk 的安装和卸载。

（2）学会配置 j2sdk 的运行环境，常用源程序编辑器的使用。

（3）掌握 Java Application 的程序结构和开发过程。

（4）了解 Java Applet 的功能与程序结构。

实验任务

1. 搭建 j2sdk 的运行环境

要求：学会搭建和配置 j2sdk 的运行环境。

步骤：

（1）JDK 的卸载。

（2）JDK 的安装。

（3）环境变量的配置：在桌面上选择"我的电脑"（右键）→"属性"→"高级"→"环境变量"；再选择"系统变量"→"新建"。新建环境变量如下：

```
Path=***;C:\Program Files\Java\jdk1.6.0_03\bin
```
（用于在安装路径下识别 Java 命令）

```
JAVA_HOME=C:\Program Files\Java\jdk1.6.0_03\      （用于指定 JDK 的位置）
CLASSPATH=.;%JAVA_HOME%\Lib\tools.jar;%JAVA_HOME%\Lib\dt.jar
```

注意：CLASSPATH 中第一个"."代表当前目录。环境变量中的有关路径应以机器中的实际路径为准。

配置完毕，要重新启动计算机后，环境变量才能生效。

2. JDK 开发环境测试

要求：测试 j2sdk 的运行环境。

步骤：

（1）编辑程序。用 ultraedit 等编辑器写一个简单的 Java 程序 HelloWorld. java。
程序清单：HelloWorld. java

```java
public class HelloWorld {
    public static void main(String[]args){
        System.out.println("Hello World!");
    }
}
```

（2）编译。在 DOS 命令提示符下执行：javac HelloWorld. java。

如果输出错误信息，则根据错误信息提示的错误所在行返回编辑器进行修改。常见错误是类名与文件名不一致、当前目录中没有所需源程序、标点符号全角等。

如果正常的话，将生成 HelloWorld. class 文件。

（3）利用 Java 解释器运行这个 Java Application 程序，并查看运行结果。在 DOS 命令提示符下执行：java HelloWorld（注意大小写，保证类名一致）。

3. JavaApplet 小应用程序实验

要求：JavaApplet 小应用程序的实验。

步骤：

（1）编辑 Java 源程序 helloApplet. java（参考程序如下）：

```java
import java.applet.Applet;
import java.awt.Graphics;
public class helloApplet extends Applet{
    public void paint(Graphics g){
        g.drawString("欢迎学习 java 语言",100,100);
    }
}
```

（2）编辑 html 程序 applettest. html（参考程序如下）：

```html
<html>
<body>
<applet code=helloApplet.class width=500 height=400>
</applet>
</body>
</html>
```

（3）编译源程序。

（4）运行 JavaApplet 小应用程序。

① 用 IE 浏览器运行 applettest. html 文件。

② 用 appletviewer 运行 applettest. html 文件。

4. 练习命令行参数的使用

要求：编写程序，运行程序时带命令行参数，体会命令行参数的作用。

步骤：

（1）编辑源程序 Sai.java（参考程序如下）：

```
public class Say{
public static void main(String args[]){
    String name=args[0];
    String word=args[1];
  System.out.println("我想对"+name+"悄悄地说："+word);
}
}
```

（2）编译文件：javac Say.java。

（3）运行文件：java Say 妈妈 我爱你!!!

其中："妈妈"是第一个命令行参数；"我爱你!!!"是第二个命令行参数。

（4）如果运行文件时没有输入命令行参数，则会出现异常（报错），应在程序中对参数进行判断，程序修改如下：

```
public class say{
public static void main(String args[]){
    if(args.length<2){
        System.out.println("需要 2 个命令行参数!");
        System.exit(1);
     }
    String name=args[0];
    String word=args[1];
  System.out.println("我想对"+name+"悄悄地说："+word);
}
}
```

5. 利用命令行参数求三个整数中的最大值

要求：利用命令行参数，求三个整数中的最大值。

步骤：

（1）编辑源程序 Max.java（参考程序如下）：

```
public class Max{
public static void main(String args[]){
    int max;
    int a=Integer.parseInt(args[0]);
    int b=Integer.parseInt(args[1]);
    int c=Integer.parseInt(args[2]);
    if(a>b&&a>c)
    max=a;
    else if(b>c)
    max=b;
```

```
        else
        max=c;
        System.out.println("三个数中最大的是:"+max);
    }
}
```

（2）编译文件：javac Max.java。

（3）运行文件：java Max 23 45 34。

实验 2 Java 编程基础

实验目标

（1）熟悉标识符的定义规则和表达式的组成。

（2）掌握各种数据类型及其使用方法。

（3）了解定义变量的作用，掌握定义变量的方法。

（4）掌握各种运算符的使用及其优先级控制。

实验任务

1. 变量定义与数据类型基本实验

要求：编写程序，掌握变量定义与数据类型的基本概念。

编写源程序 SimpleTypes. java（参考程序如下）：

```java
import java.io. * ;
public class SimpleTypes{
    public static void main(String args[]){
        byte b=055;
        short s=0x55ff;
        int i=1000000;
        long l=3615L;
        char c="c";
        float f=0.23F;
        double d=0.7E-3;
        boolean bool=true;
        System.out.println("b="+b);
        System.out.println("s="+s);
        System.out.println("i="+i);
        System.out.println("l="+l);
        System.out.println("c="+c);
        System.out.println("f="+f);
        System.out.println("d="+d);
```

```
        System.out.println("bool="+bool);
    }
}
```

2. Java 算术运算基本实验

要求：运行下面的程序，掌握 Java 算术运算的基本概念。

```java
import java.io.*;
public class ArithmaticOp{
    public static void main(String args[]){
        int a=5+4;
        int b=a*2;
        int c=b/4;
        int d=b-c;
        int e=-d;
        int f=e%4;
        double g=18.4;
        double h=g%4;
        int i=3;
        int j=i++;
        int k=++i;
        System.out.println("a="+a);
        System.out.println("b="+b);
        System.out.println("c="+c);
        System.out.println("d="+d);
        System.out.println("e="+e);
        System.out.println("f="+f);
        System.out.println("g="+g);
        System.out.println("h="+h);
        System.out.println("i="+i);
        System.out.println("j="+j);
        System.out.println("k="+k);
    }
}
```

3. Java 关系运算与逻辑运算基本实验

要求：运行下面的程序，掌握 Java 关系运算与逻辑运算的基本概念。

```java
import java.io.*;
public class RelationAndConditionOp2{
    public static void main(String args[]){
        int a=25,b=3;
        boolean d=a<b;                          //d=false
        System.out.println(a+"<"+b+"="+d);
        int e=3;
```

```
        d= (e!=0&&a/e>5);
        System.out.println(e+"!=0&&"+a+"/"+e+">5="+d);
        int f=0;
        d= (f!=0&&a/f>5);
        System.out.println(f+"!=0&&"+a+"/"+f+">5="+d);
        d= (f!=0&a/f>5);
            System.out.println(f+"!=0&&"+a+"/"+f+">5="+d);
    )
}
```

4. 判断某年是否是闰年的实验

要求：编写判断某年是否是闰年的 Java 程序。

参考代码：

```
public class Date1
{
    int year,month,day;
    void setdate(int y,int m,int d)                //成员方法,设置日期值
    {                                              //公有的,无返回值,有三个参数
        year=y;
        month=m;
        day=d;
    }
    boolean isleapyear()                           //判断年份是否为闰年
    {                                              //布尔型返回值,无参数
        return (year%400==0)|(year%100!=0)&(year%4==0);
    }
    void print()                                   //输出日期值,无返回值,无参数
    {
        System.out.println("date is "+year+'-'+month+'-'+day);
    }
    public static void main(String args[])
    {
        Date1 a=new Date1() ;                      //创建对象
        a.setdate(2002,4,18);                      //调用类方法
        a.print();
        System.out.println(a.year+" is a leap year,"+a.isleapyear());
    }
}
```

5. 求一元二次方程 $ax^2+bx+c=0$ 的根

要求：编写程序,求一元二次方程 $ax^2+bx+c=0$ 的根,要求 a、b、c 从控制台输入。

程序参考代码：

```java
import java.io.*;
public class abcxxx
    {
    public static void main(String args[]) throws IOException
      {
        BufferedReader keyin= new BufferedReader(new InputStreamReader(System.
        in));
        String x;
        double a,b,c;
        double x1,x2,p1,p2,disc,absdisc;
        System.out.print("Ctrl+C to escape:");
        for(;true;)
      {
        System.out.println("Enter a(enter)\n b(enter)\n c(enter):\n");
        x= keyin.readLine();
        a= Double.parseDouble(x);
        x= keyin.readLine();
        b= Double.parseDouble(x);
        x= keyin.readLine();
        c= Double.parseDouble(x);
        System.out.println(" a="+a +" b="+b+" c="+c);
    if(a==0.0) {
        if(b!=0.0){
        System.out.println("Not a quadrtatic root is"+ (-c/b));
        }
        else {
            if(c==0.0)
                System.out.println("Trival");
            else System.out.println("IMpossible");
        }
      }
    else {
        p1=-b/(2.0*a);
        disc=b*b-4.0*a*c;
        absdisc=disc>=0? disc:-disc;
        p2=Math.sqrt(absdisc)/(2.0*a);
        if(disc<0.0) {
            System.out.println("Complex roots:"+p1+"+or-"+p2+"i");
            }
            else {
            x1=p1+p2;
            x2=p1-p2;
            System.out.println("First Real roots:"+x1);
            System.out.println("Second real roots:"+x2);
```

```
                }
            }
        } //endfor
    }
}
```

6. 编写调试下列程序

要求：独立编写、调试下列程序，巩固和掌握 Java 程序的设计步骤和方法。

（1）编写一个 Java 程序，计算一个半径为 3.0 的圆的周长和面积，并输出计算结果。

（2）编写一个 Java 程序，根据勾股定理计算一个给定底和高的直角三角形的斜边长。

EXPERIMENT

实验 **3**

控 制 结 构

实验目标

(1) 熟练掌握各种流程控制语句。

(2) 掌握 if 语句、if-else-if 结构。

(3) 掌握 switch 语句的使用。

(4) 掌握 for 语句的使用。

(5) 掌握 while、do-while 语句的使用。

实验任务

1. 掌握 if 语句的使用方法

要求：编辑、运行下面的程序，分析程序的功能，掌握 if 语句的使用方法。

```
public class SortNum {
public static void main (String args[])
    { int a=9,b=5,c=7,t;
    if(a>b)
    { t=a;a=b;b=t;
    }
    if(a>c)
    { t=a;a=c;c=t;
    }
    if(b>c)
    { t=b;b=c;c=t;
    }
    System.out.println("a="+a+",b="+b+",c="+c);
    }
}
```

2. 掌握 switch 语句的使用方法

要求：编辑、运行下面的程序，根据变量 score 中存放的考试分数，输出对应的等级，掌握 switch 语句的使用。

60 分以下为 D 等；60～69 分为 C 等；70～89 分为 B 等；90～100 分为 A 等。

```
public class U2{
public static void main(String args[]){
int score=55;
switch(score/10) {
    case 0:case 1:case 2:case 3:case 4:
    case 5:System.out.println(score+"分是 D 等");break;
    //去掉 break 结果有何变化？
    case 6:System.out.println(score+"分是 C 等");break;
    case 7:
    case 8:System.out.println(score+"分是 B 等");break;
    case 9:
    case 10:System.out.println(score+"分是 A 等");break;
    default:System.out.println("数据错误");
}
}
}
```

3. 编写调试下列程序

要求：独立编写、调试下列程序，巩固和掌握 Java 程序控制结构设计的步骤和方法。

(1) 编写一个 Java 程序，计算并输出 1＋2＋…＋100 的结果。

(2) 编写一个 Java 程序，计算并输出 n 的阶乘(设 n＝10)。

(3) 编写程序，输出 100～2000 间的所有素数，每行输出 5 个数。

(4) 有一对雌雄兔子，每两个月就繁殖一对雌雄兔子。问 n 个月后共有多少对兔子？试用递归方法编写程序。

实验 4

EXPERIMENT

类 与 对 象

实验目标

(1) 掌握 Java 类的定义和使用方法。
(2) 掌握创建和使用类对象的方法。
(3) 掌握对象的引用。

实验任务

1. 类和对象设计实验 1

要求：利用 MaxArray 类的对象求出一维数组中的最大值。

将下列程序代码补充完整，验证程序的功能。

```java
class MaxArray{
    int findmax(int a[],int n){
        int max=a[0];
        for(int i=1;i<n;i++)
            if(a[i]> max)
                max=a[i];
        _____            //返回 max 的值
    }
}
public class Test{
public static void main(String args[]){
        _____            //利用类 MaxArray 创建对象 ob
        int a[]={2,5,7,3,18,9},b[]={33,43,6,12,8};
        System.out.println("数组 a 中的最大值是"+ob.findmax
(a,6));
        _____            //输出数组 b 的最大值
    }
}
```

2. 类和对象设计实验 2

要求：定义一个 Person 类，该类属性（变量）和方法如下：

三个属性：姓名：name 字符串类型；性别：sex 字符型；年龄：age 整型。

两个构造方法：一个是默认的构造方法（由系统完成），另一个可通过参数赋值；将该三个变量转化成字符串便于显示输出的方法：toString（该名称可自定义）。创建主类，通过 Person 类创建对象，显示输出该对象的各种属性。

完成如下程序代码，实现实验所要求的功能：

```
class Person{
    String name;
    char sex;
    int age;
    public Person(String s,char c,int i){
        name=s;
        sex=c;
        age=i;
    }
  public String toString(){
    String s="姓名:"+name+" 性别:"+sex+" 年龄:"+age;
    _____      //返回 s 的值
    }
}


public class Test{
public static void main(String args[]){
    Person p1=new Person("张三",'男',20);
    _____      //定义对象 p2,各个参数分别为:李四,女,28
    p1.sex='女';                          //将 p1 的 sex 属性改为女
    System.out.println(p1.toString());    //输出 p1 的各个属性
    _____      //将 p2 的 age 改为 33
    _____      //输出 p2 的各个属性
    }
}
```

3. 类和对象设计实验 3

要求：

定义两个类 A 和 B，类 A 中定义一个方法 area(float r)，其返回值类型为 float 型，该方法的功能是返回半径为 r 的圆的面积（圆的面积公式为 πr^2，其中 r 是圆的半径）。类 B 是类 A 的子类，其中也定义了一个名为 area 的方法 area(float r)，该方法的功能是返回半径为 r 的球的表面积（球的表面积的计算公式为 $4\pi r^2$，其中 r 为球的半径），返回值类型也为 float 型；在类 B 中还定义了另一个方法 myPrint(float r)，功能是分别调用父类和子类的方法 area( )计算半径相同的圆的面积和球的表面积并输出调用结果。编写一个

Application,创建类 B 的对象 b,在主方法 main( )中调用 myPrint(float r),输出半径为
1.2 的圆的面积和半径为 1.2 的球的表面积。

参考程序:

```
public class Class1
    {
        public static void main (String[] args)
          {
              B b=new B( );
              b.myPrint(1.2f );
          }
    }
class A
    {
        float rear(float r)
          {
              return (float)Math.PI * r * r;
          }
    }
class B extends A
    {
        float rear(float r)
          {
              return 4 * (float)Math.PI * r * r;
          }
        void myPrint(float r)
          {
              System.out.println("半径为 "+r+"的圆的面积="+super.rear(r)
                +" 同半径的球的表面积="+rear(r));
          }
    }
```

4. 类和对象设计实验 4

程序设计 1:构造一个日期时间类(Timedate),数据成员包括年、月、日和时、分、秒,
成员方法包括设置日期时间和输出时间,并完成测试。

程序设计 2:设计并测试一个矩形类(Rectangle),属性为矩形的左下与右上角的坐
标,矩形水平放置。成员方法为计算矩形周长与面积。并完成测试。

程序设计 3:定义一个圆类(Circle),属性为半径(radius)、圆周长和面积,成员方法
包括设置半径和计算周长、面积,输出半径、周长和面积。要求定义构造方法(以半径为参
数,默认值为 0,周长和面积在构造方法中生成)。并完成测试。

程序设计 4:设计一个学校在册人员类(Person)。属性包括身份证号(IdPerson)、姓
名(Name)、性别(Sex)、生日(Birthday)和家庭住址(HomeAddress)。成员方法包括人员
信息的录入和显示。并完成测试。

实验目标

(1) 熟练掌握抽象类 abstract 的概念。

(2) 熟练掌握接口 interface 的概念。

(3) 理解面向对象程序设计方法。

实验任务

1. 接口设计实验

要求：编写 Java 程序，定义一个接口，声明计算长方形面积和周长的抽象方法，再用一个类去实现这个接口，最后编写一个测试类去使用这个接口。

步骤：

(1) 接口设计，接口声明了获得矩形的长，宽，面积，周长的方法。

```
public interface calrect {
        public abstract int calarea();
        public abstract int calgirth();
        public abstract int getx();
        public abstract int gety();
    }
```

注意，定义接口就像定义类一样，接口的访问控制符只能用 public，用 public 定义的接口可以被所有的类和包引用，而默认的则只能被同一个包中的其他类和接口引用，这符合 Java 中访问控制符的一般要求。以上接口文件名为 calrect.java。另外需要指出的是接口中不能给方法给出方法体。

(2) 接口的实现类设计。接下来，需要定义一个类来实现接口，因为不知道 Java 的内置矩形类是什么名，所以为了安全，将该类定义为 RRect，这可以认为是一种安全策略。该类引用了接口 calrect，所以必须对 calrect 中声明的方法——实现。

```
//矩形接口的实现类设计
class RRect implements calrect{
    private int x;
    private int y;
    public RRect (){
    x=3;y=4;
  }
public int calarea(){
    return x * y;
  }
public int calgirth(){
    return x * 2+y * 2;
  }
public int getx(){
    return x;
  }
public int gety(){
    return y;
  }
}
```

（3）测试类设计。接下来，定义一个测试类，在测试类中创建类 RRect 的对象，并验证其中的方法，看看是不是可以正常使用。

```
//定义测试类 Class1
public class Class1{
RRect rect;
public static void main(String[]args){
    RRect rect=new RRect();
    System.out.println("矩阵的长 "+rect.getx());
    System.out.println("矩阵的宽 "+rect.calarea());
    System.out.println("矩阵的面积 "+rect.calarea());
    System.out.println("矩形的周长 "+rect.calgirth());
}
}
```

运行结果：

矩阵的长 3
矩阵的宽 12
矩阵的面积 12
矩形的周长 14

注意：接口文件单存放，接口实现类和测试类可以存放在一个文件中。

2. 抽象类设计实验

要求：验证下列猜数字游戏程序，体会抽象类的设计方法和作用。

步骤：

（1）编写抽象类 AbstractGuessNumber，文件名为 AbstractGuessNumber.java。

参考代码如下：

```java
package myjava;
public abstract class AbstractGuessNumber {
    private int number,guess=0;
    public void setNumber() {
        System.out.print("想一个数让他猜去,");
        this.number=getUserInput();
    }
    protected abstract void showMessage(String message);
    protected abstract int getUserInput();          //子类中需要重写的两个类
    public void begin() {
        showMessage("欢迎玩猜数字游戏!\n ");
        while(number!=guess) {
            guess=getUserInput();                   //获取用户所猜的数字
            if(number<guess)
                showMessage("猜大了,别泄气哦\n ");
            if(number>guess)
                showMessage("猜小了,别泄气啊\n ");
            }
        showMessage("你可算猜对了\n'");
    }
}
```

（2）编写实现类 ExtendsGuessNumber，文件名为 ExtendsGuessNumber.java。

参考代码如下：

```java
import java.util.Scanner;
public class ExtendsGuessNumber extends AbstractGuessNumber {
    private Scanner scanner;
    public ExtendsGuessNumber() {
        scanner=new Scanner(System.in);
    }
    public void showMessage(String message) {
        for(int i=0;i<message.length() * 2;i++) {
            System.out.print("* ");                     //输出界面格式控制,新手不用太在意
        }
        System.out.println("\n"+message);
        for(int i=0;i<message.length() * 2;i++) {
            System.out.print("* ");                     //输出界面格式控制,新手不用太在意
```

```
        }
            System.out.print("\n");
        }
        public int getUserInput() {
            System.out.println("请输入一个数吧:");
            return scanner.nextInt();
        }
    }
```

（3）编写测试类 Start，文件名为 Start.java。

```
public class Start {
    public static void main(String[]args) {
        AbstractGuessNumber egu= new ExtendsGuessNumber();        //实例化
        egu.setNumber();
        egu.begin();
    }
}
```

3. 接口类设计综合实验

要求：编写程序，模拟计算机主板上的 PCI 插槽及各种插卡。

主板上的 PCI 插槽就是现实中的接口，可把声卡，显卡，网卡都插在 PCI 插槽上，而不用担心哪个插槽是专门插哪个的，原因是做主板的厂家和做各种卡的厂家都遵守了统一的规定，包括尺寸、排线等，但是各种卡的内部结构是不一样的。

参考代码如下：

```
interface PCI                          //这是接口,相当于主板上的 PCI 插槽
{
    void start();
    void stop();
}
class NetworkCard implements PCI       //网卡
{
    public void start()
    {
        System.out.println("Send...");
    }
    public void stop()
    {
        System.out.println("Network stop!");
    }
}
class SoundCard implements PCI              //声卡
{
    public void start()
```

```
    {
        System.out.println("Du du...");
    }
    public void stop()
    {
        System.out.println("Sound stop!");
    }
}
class MainBoard                        //主板调用接口的运行方法,也就是调用 PCI 的函数
{
    public void usePCICard(PCI p)
    {
        p.start();
        p.stop();
    }
}
public class Assembler                 //模拟计算机主板各部件的运行
{
    public static void main(String[]args)
    {
        MainBoard mb=new MainBoard();
        NetworkCard nc=new NetworkCard();
        mb.usePCICard(nc);
        SoundCard sc=new SoundCard();
        mb.usePCICard(sc);
    }
}
```

4. 接口类编程设计实验

程序设计 1:使用接口实现银行账户的概念,包括的属性有"账号"、"储户姓名"、"存款余额",包括的方法有"存款"、"取款"、"查询"、"计算利息"、"累加利息"。要求用相应的接口,实现银行定期存款账户、银行活期存款账户和国债账户(3 种账户的利率不同)。

程序设计 2:实现一个名为 Person 的类和它的子类 Employee,ExcellentEmployee 是 Employee 的子类,设计一个接口 Add 用于涨工资,普通员工一次能涨 10%,优秀员工一次能涨 20%。具体要求如下。

(1) Person 类中的属性有姓名 name(String 类型)、地址 address(String 类型),并写出该类的构造方法。

(2) Employee 类中的属性有工号 ID(String 型)、工资 wage(double 类型)、工龄(int 型),写出该类的构造方法。

(3) ExcellentEmployee 类中的属性有级别 level(String 类型),写出该类的构造方法。

编写一个测试类,产生一个普通员工和一个优秀员工并输出其具有的信息。

程序设计 3:定义一个图形接口,声明计算图形面积和周长的抽象方法,再设计圆类和长方形类去实现这个接口,测试所设计的类。

实验 *6*

EXPERIMENT

常 用 类 库

实验目标

(1) 掌握字符串的创建方法及 String 类的基本操作。

(2) 能够通过 Scanner 类接收键盘输入的数据。

(3) 通过日期时间类掌握显示指定日期和时间的方法。

(4) 掌握字符串与基本数据类型之间的转换。

(5) 学会如何使用 Java 中的集合类。

(6) 理解泛型的概念。

实验任务

1. 统计字符串

要求：统计字符串中指定字符出现的次数。

步骤：

(1) 创建字符串对象文字："字符串对象创建后不能对该字符串的字符做修改"。

(2) 利用循环查找"字符"文字，每次找到则利用一个变量来记录出现的次数，然后重新调整搜索字符串的区域[通过 indexOf(int ch, int fromIndex)查找"字符"文字]。

(3) 显示该字符串中"字符"文字出现的次数。

2. 字符串调整

要求：输入字符串按逆序重新排列输出，输出的同时将字母进行大小写的重置。

步骤：

(1) 利用 Scanner 类接收键盘输入的一串字符数据。

(2) 以 String 类的 length()方法读取字符串长度。

(3) 将字符串中的字符利用toCharArray()方法转换为字符类型，并存于某个数组中。

（4）读取数组元素，按逆序将字符串重新排列显示，逆序的同时，字符进行大小写的转换（大写字母以小写字母显示、小写字母以大写字母显示，非字母字符照原样显示）。

（5）输出结果。

3. 字符串替换

要求：给定一个字符串"When she was young, she was very poor. She worked and studied hard. Several years later, she became rich. "。将句中所有的 she 替换为 he，She 替换为 He，把得到的新字符串重新显示输出。

步骤：

（1）定义字符串对象。

（2）利用 replaceAll()方法做字符串的替换。

4. 日期、时间的显示

要求：通过使用自定义类 Time 实现显示当前日期和时间的功能。

步骤：

（1）自定义类 Time，其功能为当前日期时间的获取方法。

（2）通过 Time 类对象返回当前日期和时间。

```
当前日期: 2010 年9月7日
当前时间: 10 时25分16秒
```

（3）结果如图 2-6-1 所示。

图 2-6-1

5. 比较日期的大小

要求：

（1）输入两个日期，能够判断两个日期的大小关系及两日期间相隔的天数。

（2）程序内容描述如下：

```java
//DateExample.java
  import java.util. * ;
  public class DateExample {
        public static void main(String[] args) {
            Scanner reader=new Scanner(System.in);
            System.out.print("输入第一个年份:");
            int year1=reader.nextInt();
            System.out.print("输入该年的月份:");
            int month1=reader.nextInt();
            if (month1>12 || month1<1)
                month1=1;
                System.out.print("输入该月的日期:");
                int day1=reader.nextInt();

    if (month1==1 || month1==3 ||month1==5 ||month1==7 || month1==8 || month1==10 ||
month1==12)
            { if (day1>31 ||day1<1)
                day1=1;
```

```
          }
      if (month1==4 || month1==6 ||month1==9 ||month1==11 )
        { if (day1>30 ||day1<1)
             day1=30;
          }
      if (month1==2 )
        { if (((year1%4==0) &&(year1%100!=0))||(year1%400==0))
            { if (day1>29 ||day1<1)
                day1=1;
            }
          else
            { if (day1>28 ||day1<1)
                 day1=1;
            }
    }
Calendar calendarOne= (_____);                    //初始化日历对象
(_____);   //calendar 的时间设置为 year1 年 month1 月 day1 日 16 时 38 分 28 秒
long timeOne=calendarOne.getTimeInMillis();
System.out.print("输入第二个年份:");
int year2=reader.nextInt();
System.out.print("输入该年的月份:");
int month2=reader.nextInt();
if (month2>12 || month2<1)
month2=1;
System.out.print("输入该月的日期:");
int day2=reader.nextInt();

if (month2==1 || month2==3 ||month2==5 ||month2==7 || month2==8 || month2==10 ||
month2==12)
        { if (day2>31 ||day2<1)
            day2=1;
        }
    if (month2==4 || month2==6 ||month2==9 ||month2==11 )
        { if (day2>30 ||day2<1)
            day2=30;
        }
    if (month2==2 )
        { if (((year2%4==0) &&(year2%100!=0))||(year2%400==0))
            { if (day2>29 ||day2<1)
                day2=1;
            }
      else
        { if (day2>28 ||day2<1)
            day2=1;
```

```
        }
    }
Calendar calendarTwo=(_____);                        //初始化日历对象
(_____);      //calendar 的时间设置为 year2 年 month2 月 day2 日 8 时 15 分 30 秒
long timeTwo=calendarTwo.getTimeInMillis();
if (calendarTwo.equals(calendarOne))
{System.out.println("两个日期的年、月、日完全相同");
}
else if(calendarTwo.after(calendarOne) )
{System.out.println("您输入的第二个日期大于第一个日期");
}
else if(calendarTwo.before(calendarOne))
{System.out.println("您输入的第二个日期小于第一个日期");
}
long days=Math.abs((timeTwo-timeOne)/(1000 * 60 * 60 * 24));
                                    //计算两个日期相隔的天数
System.out.println(year1+"年"+month1+"月 "+day1+"日 和 "+ year2+"年 "+month2+
"月 "+day2+"日相隔 "+days+"天");
    }
}
```

步骤:

编程思路与代码提示如下。

(1) 使用 Date 类的无参构造方法创建对象可以获取本地当前时间;使用 Date(long time)构造方法创建的 Date 对象表示相对于 1970 年 1 月 1 日 0 点(GMT)的时间。例如,参数 time 取值为 $60 \times 60 \times 1000$ 秒则表示 Thu Jan 01 01:00:00 GMT 1970。

(2) Calendar 类的 static 方法 getInstance()可以初始化一个日历对象;set 方法可以传递年、月、日。

(3) 日历对象调用 public long getTimeInMillis()方法可以将时间表示为毫秒。

(4) 补充代码,完善程序,结果如图 2-6-2 所示。

```
输入第一个年份: 2010
输入该年的月份: 10
输入该月的日期: 12
输入第二个年份: 2006
输入该年的月份: 9
输入该月的日期: 10
您输入的第二个日期小于第一个日期
2010年10月12日和2006年9月10日相隔1493天
```

图　2-6-2

实验 **7**

EXPERIMENT

异　　常

实验目标

(1) 理解错误 Error 和异常 Exception 的基本概念及两者间的区别。

(2) 理解异常处理机制,掌握异常处理方法。

(3) 掌握抛出异常和捕捉异常的方法。

(4) 了解自定义异常类的使用。

实验任务

1. 解决程序中除数为零的异常

要求:

(1) 用户输入除数为 0 时,程序将发生错误,请修改程序,利用异常处理机制,解决程序中可能产生的异常,使程序正常运行。

(2) 程序内容描述如下:

```java
//DivideByZero.java
Import java.util.Scaner;
public class DivideByZero{
    public static void main(String[] args){
        int num1=100;
        Scanner in=new Scanner(System.in);
                                        //假设 in 接收值为 0 的数
        int num2=in.nextInt();
        num1=num1/num2;
        System.out.println("结果为:"+num1);
    }
}
```

步骤:

编程思路与代码提示:将程序中可能产生异常的代码放入 try 语句块

中,当捕获到 ArithmeticException 异常时,执行 catch 异常处理代码段。

2. 解决程序中常见的异常

要求:

(1)在空格处填上 try 语句块中产生异常对应的 catch 参数。

(2)程序内容描述如下:

```java
//ManyException.java
public class ManyException {
    public static void main(String[] args){
        try{
            int result=8/0;
        }catch(_____){            //捕获算术异常
            System.out.println("算术异常");
        }
        try{
            String str=null;
            int len=str.length();
        }catch(_____){            //捕获空指针异常
            System.out.println("空指针异常");
        }
        try{
            float[] arr=new float[4];
            arr[4]=9;
        }catch(_____){            //捕获数组下标越界异常
            System.out.println("数组下标越界异常");
        }
        try{
            String str="23U";
            double d=Double.parseDouble(str);
        }catch(_____){            //捕获字符串转换异常
            System.out.println("字符串转换异常");
        }
    }
}
```

3. 对异常进行捕获和处理(一)

要求:设计一个程序,其功能是从命令行输入整数字符串,再将该整数字符串转换为整数并输出,输入的数据可能具有以下格式:

12345

123　45

123xyz456

4. 对异常进行捕获和处理（二）

要求：定义一个方法，求三角形面积 getArea(int a,int b,int c)，三角形的三条边由数组元素接收，来自键盘的输入。当数据类型不匹配时，抛出异常；当数据个数不满足要求时，抛出异常；当三条边的值不能构成三角形时，抛出异常。

步骤：

(1) 定义方法 void triangle(int a,int b,int c)；

(2) 不符合条件的则抛出异常，如(if a＋b＜＝c(或 a＋c＜＝b,b＋c＜＝a) then throw new IllegalArgumentException(),)；

(3) 在 main 方法中调用 triangle 方法，用 try…catch…finally 语句捕获异常。

5. 自定义异常

要求：乘坐公交车刷卡操作。定义公交卡类，若刷卡金额大于余额，则作为异常处理。

步骤：

(1) 产生异常的条件是余额少于刷卡金额，是否抛出异常要先对该条件做判断，确定产生异常的方法，在刷卡方法中产生异常。

(2) 处理异常安排在调用刷卡方法中，刷卡方法抛出异常，由上一级调用方法捕获并处理。

(3) 定义异常。

实验 *8* 输入输出流

EXPERIMENT

实验目标

（1）掌握 File 类的使用，学会对文件和目录进行基本的操作。

（2）熟悉 Java 的文件读写机制。

（3）掌握对文件中字节流与字符流数据的不同处理方法。

实验任务

1. 获取文件属性

要求：通过 File 类得到相关文件的基本信息。

步骤：

（1）从键盘输入一个文件名，利用 exists 方法判断该文件是否存在。

（2）如果存在，则显示该文件相应的信息属性：文件是否可读（canRead）、是否可写（canWrite）、是否隐藏（isHidden）、文件大小（length）。

2. 给原文加密

要求：

（1）将一封原文中的内容加密后存入另一个文件中。

（2）原文中字符的 Unicode 值加 3 变为密文。

步骤：

（1）自建一个原始文件，其中包含有字母、数字和其他符号。

（2）利用加密原则将字符做转变，保存到另一个文件中。

3. 字节流文件操作

要求：计算斐波那契数列的前 20 项，并用字节流方式输出到一个文件，每 5 项一行。

步骤：

（1）定义一个 Fibonacii 类，按照斐波那契数列的排列规则定义方法 fibo。这个数列的 1、2 项为 1，从第三项开始，每项值都等于前两项之和。

（2）新建一个 Fibonacii 对象，通过调用 fibo 方法实现数列的排列，同时将数列数值输出到自建文件中，输出的过程按每 5 项一行显示，分行时将回车与换行符写入文件。

4. 字符流统计文件

要求：使用字符流统计文件中包含的单词个数和行数。

步骤：

（1）自建一个原始文本文件，使用字符流 BufferedReader 类。

（2）单词和单词间的分隔符是空格。

（3）文本按行读取，统计其文本内容所占行数。

实验 **9** 多 线 程

实验目标

(1) 掌握 Thread 、Runnable 创建新线程的方法。

(2) 了解线程的状态和生命周期。

(3) 掌握线程优先级的设置方法。

(4) 理解线程同步的含义,掌握实现线程同步的方法。

实验任务

1. 实现多线程的创建

要求:

(1) 输入以下 Thread 类创建多线程的代码:

```java
public class TestThread {
    public static void main(String[] args) {
    Runner1 r=new Runner1();
    Thread t=new Thread(r);
    t.start();

    for(int i=0;i<100;i++){
        System.out.println("Main Thread:..."+i);
    }
    }
}


class Runner1 extends Thread{
public void run(){
    for(int i=0;i<100;i++){
        System.out.println("Runner1:"+i);
    }
}
```

（2）运行程序,查看两个线程在执行过程中的显示结果。

步骤:在已有程序的基础上,用实现 Runnable 接口的方法改写代码,实现多线程的创建。

2. 掌握 sleep( )方法

要求:

（1）输入代码,调试程序。

```java
public class TestSync implements Runnable {
    Timer timer=new Timer();
    public static void main(String[]args){
        TestSync test=new TestSync();
        Thread t1=new Thread(test);
        Thread t2=new Thread(test);
        t1.setName("t1");t2.setName("t2");
        t1.start();t2.start();
    }
    public void run(){
        timer.add(Thread.currentThread().getName());
    }
}
class Timer{
    private static int num=0;
    public void add(String name){
        num++;
        try{
            Thread.sleep(1);
        }catch(InterruptedException e){}
        System.out.println(name+",你是第"+num+"个使用 timer 的线程");
    }
}
```

（2）通过调试代码,分析程序中 sleep 的作用。

3. 线程的优先级

要求:

（1）修改题 1 中的代码,使得 Main Thread 优先执行,待 Main Thread 执行完毕,Runner1 再执行。

（2）使用线程优先级常量的设置方法来实现 Main Thread 的优先。

4. 线程同步

要求:

（1）调试如下程序代码,查看结果。

```java
public class TestSync implements Runnable {
```

```
        Timer timer=new Timer();
        public static void main(String[]args){
            TestSync test=new TestSync();
            Thread t1=new Thread(test);
            Thread t2=new Thread(test);
            t1.setName("t1");t2.setName("t2");
            t1.start();t2.start();
        }
        public void run(){
            timer.add(Thread.currentThread().getName());
        }
}
class Timer{
    private static int num=0;
    public void add(String name){
        num++;
        try{
            Thread.sleep(1);
        }catch(InterruptedException e){}
          System.out.println(name+",你是第"+num+"个使用 timer 的线程");
    }
}
```

结果如图 2-9-1 所示。

（2）修改程序，使各线程能保持同步执行。

结果如图 2-9-2 所示。

t1,你是第2个使用timer的线程
t2,你是第2个使用timer的线程

图 2-9-1 运行结果

t1,你是第1个使用timer的线程
t2,你是第2个使用timer的线程

图 2-9-2 修改后的运行结果

步骤：

（1）阅读分析源代码，找出问题所在。

（2）利用线程同步 synchronized 方法或 synchronized 同步语句块实现 t1 和 t2 间的同步操作。

实验 10 数据库编程

实验目标

(1) 能在 Java 项目中加载 JDBC 驱动程序。

(2) 能用 JDBC 方式连接 MySQL 数据库。

(3) 掌握用 PreparedStatement 执行数据库的增、删、改、查操作。

(4) 能用 ResultSet 处理查询结果。

实验任务

1. 创建工程、加载驱动程序

要求：为项目构建开发环境。

步骤：

(1) 创建 netshop 工程。

(2) 打开工程构建路径配置窗口，添加 MySQL 驱动程序，如图 2-10-1 所示。

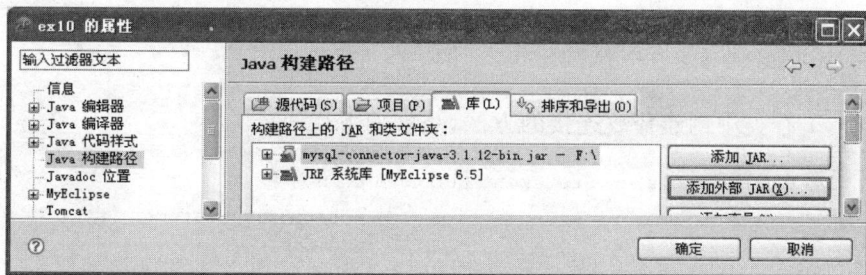

图 2-10-1　配置构建路径

2. 编写数据库连接类 ConnectionManager

要求：创建一个包含连接数据库、释放数据库连接两个方法的类。

步骤：

（1）在工程中创建类 ConnectionManager。

（2）在类 ConnectionManager 中添加 4 个静态常量：

```
public static final String DRIVER_CLASS="com.mysql.jdbc.Driver";
    //定义数据库驱动字符串
public static final String URL="jdbc:mysql://localhost:3306/netshop";
    //定义数据库连接字符串,连接的数据库名为 netshop
public static final String DATABASE_USER="root";
    //数据库的用户名
public static final String DATABASE_PASSWORD="11";
    //数据库的密码
```

（3）在类中创建连接方法：getConnection()，添加如下代码：

```
public static Connection getConnection()
    {
        Connection con=null;
        try {
            Class.forName(DRIVER_CLASS);                          //加载数据库驱动程序
        } catch (ClassNotFoundException e) {
            System.out.println("加载驱动程序错误!");
            e.printStackTrace();
        }
        try {
        con=DriverManager.getConnection(URL,DATABASE_USER,DATABASE_PASSWORD);
                                                            //连接数据库
            System.out.println("连接数据库成功!");
        } catch (SQLException e) {
            System.out.println("连接数据库错误!");
            e.printStackTrace();
        }
        return con;
    }
```

（4）在类中创建释放连接的方法，添加如下代码：

```
//依次关闭 ResultSet、Statement 和 Connection 对象
public static void closeConnection(Connection con,Statement stmt,ResultSet res)
{
    if(res!=null)
        try {
            res.close();
            res=null;
        } catch (SQLException e) {
            e.printStackTrace();
        }
```

```
    if(stmt!=null)
        try {
            stmt.close();
            stmt=null;
        } catch (SQLException e) {
            e.printStackTrace();
        }
    try {
        if(con!=null && con.isClosed()==false)
        {
            con.close();
            con=null;
        }
    } catch (SQLException e) {
        e.printStackTrace();
    }
}
//依次关闭 ResultSet、PreparedStatement 和 Connection 对象
public static void closeConnection (Connection con, PreparedStatement pStmt,
ResultSet res)
{
    if(res!=null)
        try {
            res.close();
            res=null;
        } catch (SQLException e) {
            e.printStackTrace();
        }
    if(pStmt!=null)
        try {
            pStmt.close();
            pStmt=null;
        } catch (SQLException e) {
            e.printStackTrace();
        }
    try {
        if(con!=null && con.isClosed()==false)
        {
            con.close();
            con=null;
        }
    } catch (SQLException e) {
        e.printStackTrace();
    }
```

}

（5）编写代码，测试上述类和方法。

3．网上商店数据库表

具体如表 2-10-1～表 2-10-5 所示。

表 2-10-1　用户表：userinfo

字 段 名	类 型	说 明
UserId	INTEGER	用户 ID、主键
Name	VARCHAR(30)	用户名
Password	VARCHAR (20)	用户密码
Phone	VARCHAR (20)	用户电话
Address	VARCHAR (100)	用户地址
Zipcode	VARCHAR (10)	邮政编码
Status	CHAR(2)	用户状态：1—活动；0—非活动
CreateDate	TIMESTAMP	用户创建时间

表 2-10-2　商品分类表：category

字段名	类 型	说 明	字段名	类 型	说 明
CatId	INTEGER	商品类别 ID、主键	Desc	VARCHAR(200)	商品类别描述信息
Name	VARCHAR(30)	商品类别名			

表 2-10-3　商品表：product

字段名	类 型	说 明	字段名	类 型	说 明
ProductId	INTEGER	商品 ID、主键	Price	DECIMAL(10,2)	商品单价
Name	VARCHAR(20)	商品名称	Desc	VARCHAR(20)	商品描述信息
CatId	INTEGER	商品所属类别、外键	Attr	VARCHAR(20)	商品属性

表 2-10-4　订单表：order

字 段 名	类 型	说 明
OrderId	INTEGER	订单 ID、主键
UserId	INTEGER	订单所属的用户 ID、外键
OrderDate	DATETIME	订单日期
Address1	VARCHAR (100)	订单地址
Address2	VARCHAR (100)	订单备用地址

表 2-10-5　订单条目表：**orderItem**

字段名	类　型	说　明	字段名	类　型	说　明
ItemId	INTEGER	订单条目号 ID、主键	ProductId	INTEGER	条目包含的商品 ID
OrderId	INTEGER	条目所属的订单号、外键	Quantity	DOUBLE	商品数量

根据本实验要求，创建表 userinfo 的实体类：Userinfo

```
public class Userinfo {
    private Integer userId;
    private String name;
    private String password;
    //…其他字段省略…
    public Userinfo() { }
    public Userinfo(String name,String password,String phone,String address,
            String zipcode,String status,Date createDate) {
        this.name=name;
        this.password=password;
            ⋮
    }
    public Integer getUserId() {
        return this.userId;
    }
    public void setUserId(Integer userId) {
        this.userId=userId;
    }
    public String getName() {
        return this.name;
    }
    public void setName(String name) {
        this.name=name;
    }
    public String getPassword() {
        return this.password;
    }
    public void setPassword(String password) {
        this.password=password;
    }
    //…其他 getters、setters 省略…
}
```

4. 创建数据表操作类 UserInfoDao

要求：

（1）使用 PreparedStatement 实现增加、删除、更新操作。

（2）使用 PreparedStatement 实现查询操作。

步骤：

（1）创建类 UserInfoDao。

（2）在类中添加 Add(Userinfo userinfo)，并添加如下代码：

```
int result=0;
    Connection con=null;
    PreparedStatement pStmt=null;
    String addSql="insert into
userinfo(UserId,Name,Password,Phone,Address,Zipcode,Status) values(?,?,?,?,?,?,?)";
    try {
            con=ConnectionManager.getConnection();
            pStmt=con.prepareStatement(addSql);
            pStmt.setInt(1,userinfo.getUserId());
            pStmt.setString(2,userinfo.getName());
            pStmt.setString(3,userinfo.getPassword());
            pStmt.setString(4,userinfo.getPhone());
            pStmt.setString(5,userinfo.getAddress());
            pStmt.setString(6,userinfo.getZipcode());
            pStmt.setString(7,userinfo.getStatus());
            result=pStmt.executeUpdate();
        } catch (Exception e) {
            System.out.println("插入操作错误");
            e.printStackTrace();
        } finally {
            ConnectionManager.closeConnection(con,pStmt,null);
        }
    return result;
        //如果 result>0,代表插入成功,否则插入失败
```

（3）在类中添加 Del(int userid)，根据给定的用户 ID 号删除用户，添加如下代码：

```
int result=0;
    Connection con=null;
    PreparedStatement pStmt=null;
    String delSql="delete from userinfo where UserId=?";
    try {
            con=ConnectionManager.getConnection();
            pStmt=con.prepareStatement(delSql);
            pStmt.setInt(1,userid);
            result=pStmt.executeUpdate();
    } catch (Exception e) {
            System.out.println("删除操作错误");
            e.printStackTrace();
    } finally {
```

```
        ConnectionManager.closeConnection(con,pStmt,null);
    }
    return result;
    //如果 result>0,代表删除成功,否则删除失败
```

(4) 在类中添加 Update(Userinfo userinfo)方法,根据给定的用户 ID 号更新信息。

```
public int Update(Userinfo userinfo){
    //根据上面的示例添加代码,实现给定功能
}
```

(5) 在类中添加 Search()方法、Search(Userinfo userinfo)方法;Search()方法代码如下:

```
ArrayList list=new ArrayList();
    Connection con=null;
    PreparedStatement pStmt=null;
    ResultSet res=null;
    String searchSql="select * from userinfo";
    try {
            con=ConnectionManager.getConnection();
            pStmt=con.prepareStatement(searchSql);
            res=pStmt.executeQuery();
            //将结果集中的数据放入集合对象中
            while(res.next()){
                Userinfo user=new Userinfo();
                user.setUserId(res.getInt("UserId"));
                user.setName(res.getString("Name"));
                user.setPassword(res.getString("Password"));
                user.setPhone(res.getString("Phone"));
                user.setAddress(res.getString("Address"));
                user.setStatus(res.getString("Status"));
                user.setZipcode(res.getString("Zipcode"));
                list.add(user);
            }
    } catch (Exception e) {
            System.out.println("查询操作错误");
            e.printStackTrace();
    } finally {
            ConnectionManager.closeConnection(con,pStmt,null);
    }
    return list;
//Search(int userid)方法根据给定的 ID 号进行查询,返回用户基本信息
public boolean Search(Userinfo userinfo){
    //根据上面的示例添加代码,实现给定功能
}
```

（6）编写代码，测试上述方法。

（7）编写方法 getNewId()，获取用户信息表中最大的 ID 号，并加 1 后返回，作为插入操作时的新 ID 号。

提示：查询 SQL 语句为："select max(UserId) from userinfo"。

（8）修改方法 Add(Userinfo userinfo)，调用 getNewId() 方法获取新的 ID 号，插入一行新的用户信息。

实验 **11**

JSP 开发基础

实验目标

（1）能使用 MyEclipse 向导创建 Web Project 工程、创建 JSP 页面。

（2）能使用 MyEclipse＋Tomcat 环境部署、运行 Web 应用程序。

（3）掌握为 JSP 添加注释的方法。

（4）能使用 JSP 的各种脚本元素。

（5）能使用 JSP 的 page 指令和 include 指令。

实验任务

1. 创建 Web Project 工程，部署并运行工程

要求：使用 MyEclipse＋Tomcat 创建并部署运行 Web Project 工程。

步骤：

（1）使用 MyEclipse 创建 Web Project 工程 netshop，如图 2-11-1 所示。

图 2-11-1　创建 Web 工程

（2）在 netshop 工程的 WebRoot 目录下编辑自动生成的 index. jsp 页面，输入"欢迎访问我的网站"，如图 2-11-2 所示。

（3）单击工具栏上的 按钮，使用向导部署 netshop 工程。

（4）单击工具栏上的 按钮，启动 Tomcat 服务器。

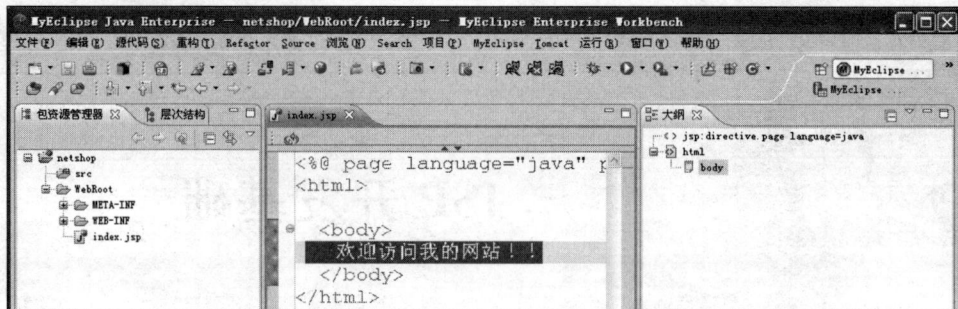

图 2-11-2　网页的编辑页面

（5）启动浏览器，在地址栏输入"http://localhost:8080/netshop/index.jsp"，访问网站的 index.jsp 页面，如图 2-11-3 所示。

图 2-11-3　netshop 工程的 index.jsp 页面

2. 在 index.jsp 页面上添加各种注释

步骤：

（1）在页面上添加 HTML 注释。

（2）在页面上添加 JSP 程序注释。

（3）在页面上添加 JSP 脚本注释。

参考代码：

```
<!--HTML 注释,在客户端可见 -->
<%--JSP 注释,在客户端不可见 -->
<%//JSP 脚本注释,客户端不可见 %>
<% /* JSP 脚本注释,客户端不可见 */%>
```

（4）部署工程，运行 index.jsp 页面，查看页面的源文件，分析这三种注释的异同点。

3. 使用 JSP 脚本元素输出动态内容

要求：

（1）使用小脚本获取系统时间。

（2）使用小脚本和表达式输出系统时间。

（3）使用方法声明封装获取时间的小脚本代码。

（4）计算并输出 n 个任意整数的累加和。

步骤：

（1）使用 MyEclipse 向导创建 JSP 页面 showTime.jsp。

（2）在 showTime.jsp 页面输入小脚本获取系统时间。

```
<%
    //获取并格式化系统的当前时间
    java.text.SimpleDateFormat sdf=
        new java.text.SimpleDateFormat("yyyy年 MM月 dd日 HH:mm:ss");
    java.util.Date dt=new java.util.Date();
    String strCur=sdf.format(dt);
%>
```

（3）在 showTime.jsp 页面中输出系统时间。

```
<%
    out.print("当前系统时间:"+strCur);
%>
<br/>
当前系统时间:<%=strCur%>
```

（4）使用 MyEclipse 向导创建 JSP 页面 showTime2.jsp，采用方法声明获取系统时间，并使用小脚本和表达式输出系统时间。

提示：方法声明代码

```
<%!
String getTime(){
        java.text.SimpleDateFormat sdf=
                new java.text.SimpleDateFormat("yyyy-MM-dd HH: mm:ss");
        java.util.Date dt=new java.util.Date();
        String strCur=sdf.format(dt);
        return strCur;
} %>
```

（5）使用 MyEclipse 向导创建 JSP 页面 showTotal.jsp，计算并输出 100 个随机整数的累加和。

提示：获取随机整数的参考代码

```
java.util.Random ran=new java.util.Random();
ran.nextInt();
```

4. 使用 page 指令修改 JSP 文件

步骤：

（1）打开 showTime.jsp 文件，添加 page 指令：

```
<%@ page import="java.util.* ,java.text.* " % >
```

（2）修改 showTime.jsp 文件中的小脚本代码，删除类前面的路径名：

```
<%
    //获取并格式化系统的当前时间
    SimpleDateFormat sdf=new SimpleDateFormat("yyyy年 MM月 dd日 HH:mm:ss");
    Date dt=new Date();
    String strCur=sdf.format(dt);
%>
```

（3）保存并运行修改后的页面，比较前后两个页面的运行效果。

5. 使用 include 指令实现包含页面的功能

要求：

（1）设计 top.jsp 页面，作为网站页面统一的顶部。

（2）设计 bottom.jsp 页面，作为网站页面统一的底部。

（3）使用 include 指令包含 head.jsp 和 bottom.jsp 页面。

步骤：

（1）使用 MyEclipse 向导创建 top.jsp 页面，效果如图 2-11-4 所示。

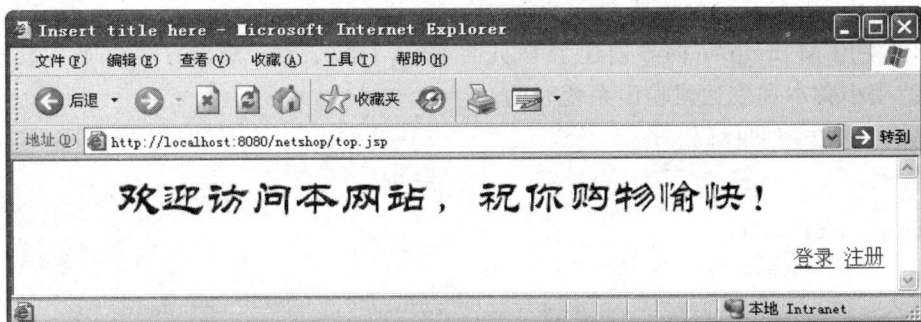

图 2-11-4　top 页面

（2）使用 MyEclipse 向导创建 bottom.jsp 页面，效果如图 2-11-5 所示。

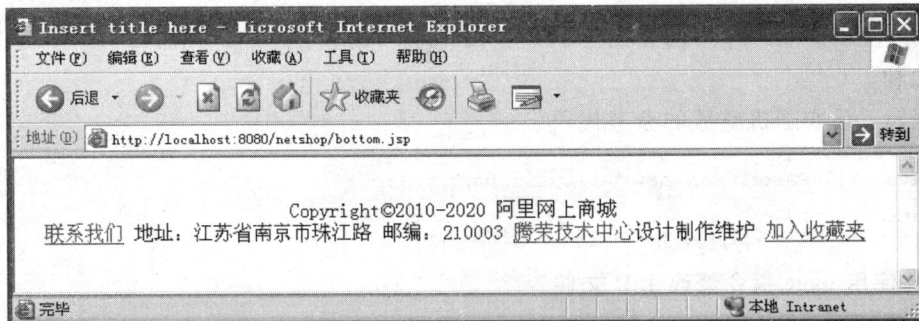

图 2-11-5　bottom.jsp 页面

（3）使用 MyEclipse 向导创建 login. jsp 页面，效果如图 2-11-6 所示。

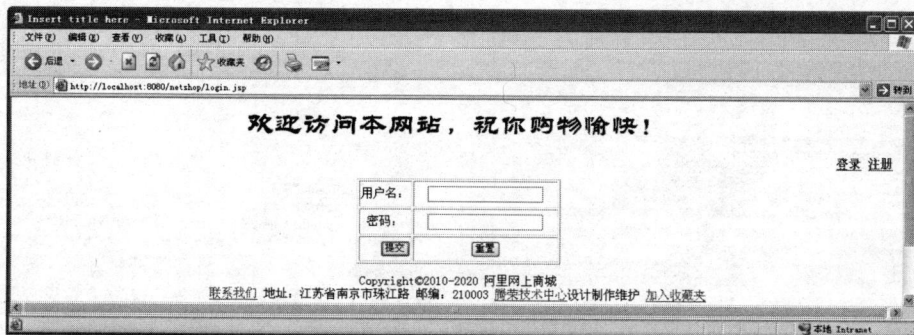

图 2-11-6　login. jsp 页面

提示：该页面分三部分，其中上面的代码为＜％@include file＝"top. jsp" ％＞，下面的代码为＜％@include file＝"bottom. jsp" ％＞。

实验 12

JSP 技术与 JavaBean

实验目标

（1）掌握 JSP 动作的使用方法。

（2）能使用 JSP 隐含对象进行 JSP 编程。

（3）掌握两种 JavaBean 的创建方法。

（4）掌握在 JSP 中使用 JavaBean 的方法。

实验任务

1. 创建 JavaBean，封装数据和业务

要求：

（1）创建 JavaBean，封装商品表 product。

（2）创建 JavaBean，封装操作商品表的业务代码。

步骤：

（1）打开 netshop 工程。

（2）新建类 Product，根据数据表 product 字段，设计类的字段：

```
package entity;                    //包名

public class Product {
    private int productId;
    private String name;
    private int catId;
    private double price;
    private String desc;
    private String attr;
    public int getProductId() {
        return productId;
    }
    public void setProductId(int productId) {
```

```
            this.productId=productId;
        }
    public String getName() {
        return name;
    }
    public void setName(String name) {
        this.name=name;
    }
    public int getCatId() {
        return catId;
    }
    public void setCatId(int catId) {
        this.catId=catId;
    }
    public double getPrice() {
        return price;
    }
    public void setPrice(double price) {
        this.price=price;
    }
    public String getDesc() {
        return desc;
    }
    public void setDesc(String desc) {
        this.desc=desc;
    }
    public String getAttr() {
        return attr;
    }
    public void setAttr(String attr) {
        this.attr=attr;
    }
}
```

（3）新建类 ProductDao，实现对 Product 数据表的增、删、查、改操作：

```
package dao;
import java.sql.*;
import java.util.*;
import entity.Product;

public class ProductDao {
    public List searchAll()
    {
        List list=new ArrayList();
```

```
        Connection con=null;
        PreparedStatement pStmt=null;
        ResultSet res=null;
        String searchSql="select * from product";
        try {
            con =ConnectionManager.getConnection();
            pStmt =con.prepareStatement(searchSql);
            res=pStmt.executeQuery();
            //将结果集中的数据放入集合对象中
            while(res.next()){
                Product product=new Product();
                product.setProductId(res.getInt("productId"));
                product.setName(res.getString("name"));
                product.setCatId(res.getInt("catId"));
                product.setPrice(res.getDouble("price"));
                product.setDesc(res.getString("desc"));
                product.setAttr(res.getString("attr"));
                list.add(product);
            }
        } catch (Exception e) {
            System.out.println("查询操作错误 searchAll()");
            e.printStackTrace();
        } finally {
            ConnectionManager.closeConnection(con,pStmt,null);
        }
        return list;
    }
    public List searchByCat(int catId)                   //查询某一类别的商品
    {
        List list=new ArrayList();
        Connection con=null;
        PreparedStatement pStmt=null;
        ResultSet res=null;
        String searchSql="select * from product where CatId=?";
        try {
                con =ConnectionManager.getConnection();
                pStmt =con.prepareStatement(searchSql);
                pStmt.setInt(1,catId);
                res=pStmt.executeQuery();
                //将结果集中的数据放入集合对象中
                while(res.next()){
                    Product product=new Product();
                    product.setProductId(res.getInt("productId"));
                    product.setName(res.getString("name"));
```

```
                        product.setCatId(res.getInt("catId"));
                        product.setPrice(res.getDouble("price"));
                        product.setDesc(res.getString("desc"));
                        product.setAttr(res.getString("attr"));
                        list.add(product);
                }
        } catch (Exception e) {
            System.out.println("查询操作错误 searchByCat(int catId)");
            e.printStackTrace();
        } finally {
            ConnectionManager.closeConnection(con,pStmt,null);
        }
        return list;
    }
    public int Add(Product product){
        int result=0;
        Connection con=null;
        PreparedStatement pStmt=null;
        String addSql="insert into product(ProductId,Name,CatId,Price,Desc,Attr) "
            +" values(?,?,?,?,?,?)";
        try {
                con =ConnectionManager.getConnection();
                pStmt =con.prepareStatement(addSql);
                pStmt.setInt(1,product.getProductId());
                pStmt.setString(2,product.getName());
                pStmt.setInt(3,product.getCatId());
                pStmt.setDouble(4,product.getPrice());
                pStmt.setString(5,product.getDesc());
                pStmt.setString(6,product.getAttr());
                result=pStmt.executeUpdate();
            } catch (Exception e) {
                System.out.println("插入操作错误");
                e.printStackTrace();
            } finally {
                ConnectionManager.closeConnection(con,pStmt,null);
            }
            return result;
        }
        public int Del(int productId)            //删除指定 Id 的商品
        {
            //……
        }
        public int Update(Product product)       //更新指定 Id 商品的信息
        {
            //……
        }
```

```
    }
```

2. 实现登录验证和页面跳转

要求：

(1) 修改 login.jsp，实现页面提交。

(2) 设计页面 doLogin.jsp，实现登录验证和页面跳转。

步骤：

(1) 打开 login.jsp 页面，设置表单提交的目标文件：

```
<form name="form1" method="post" action="doLogin.jsp">
```

(2) 新建 doLogin.jsp 页面文件，获取用户名和密码进行验证。根据验证结果，实现页面跳转。

```
<!-使用 useBean 动作创建对象 -->
<jsp:useBean id="userInfoDao" class="dao.UserInfoDao" />
<jsp:useBean id="userinfo" class="entity.Userinfo" />
<%
        String strName = request.getParameter("txtName");   //使用隐式对象获取参数值
        String strPwd = request.getParameter("txtPwd");
%>
<!-使用标准动作设置对象的属性值 -->
<jsp:setProperty name="userinfo" property="name" value="<%=strName%>" />
<jsp:setProperty name="userinfo" property="password" value="<%=strPwd%>" />
<%
    if(userInfoDao.Search(userinfo)){
        //使用 session 对象保存登录信息
        session.setAttribute("USER",userinfo.getName());
        //使用 response 对象实现页面跳转
        response.sendRedirect("displayProduct.jsp");
    }
    else
        response.sendRedirect("login.jsp");
%>
```

3. 实现商品展示和分类查询

要求：

(1) 设计页面 displayProduct.jsp，为登录用户展示网上商城的商品。

(2) 设计查询页面 SearchByType.jsp，设计 doSearch.jsp，实现登录用户按商品类别查询，设计 ProductByType.jsp 页面显示查询结果。

步骤：

(1) 新建页面 displayProduct.jsp，获取登录信息并访问数据库，显示商品表的商品。

关键代码：

```
//判断用户是否登录,如果没有登录,则转到登录页面
    <%if(session.getAttribute("USER")==null)
        response.sendRedirect("login.jsp");
%>
//获取商品表的信息
<%
    ProductDao productDao=new ProductDao();
    List list=productDao.searchAll();
%>
//按行显示商品表的信息
<%for(int i=0;i<list.size();i++){
    Product product=(Product)list.get(i);
    %>
    <tr>
        <td height="26"><%=product.getName() %></td>
        <td><%=product.getPrice() %></td>
        <td><%=product.getDesc() %></td>
        <td><%=product.getAttr() %></td>
    </tr>
<%} %>
//超链接:转向查询页面
<center><a href="SearchByType.jsp">查询</a></center>
```

（2）新建类 Category，根据数据表 Category 字段，设计类的字段。

```
package entity;                        //包名

public class Category {
    private int catId;
    private String name;
    private String desc;
    public int getCatId() {
        return catId;
    }
    public void setCatId(int catId) {
        this.catId=catId;
    }
    //…其他 getters 方法和 setters 方法…
```

（3）创建数据表操作类 CategoryDao，实现查询功能。

```
public List searchAll() {
    List list=new ArrayList();
    Connection con=null;
    PreparedStatement pStmt=null;
    ResultSet res=null;
```

```
        String searchSql="select * from category";
        try {
                con=ConnectionManager.getConnection();
                pStmt=con.prepareStatement(searchSql);
                res=pStmt.executeQuery();
                //将结果集中的数据放入集合对象中
                while (res.next()) {
                    Category category=new Category();
                    category.setCatId(res.getInt("catId"));
                    category.setName(res.getString("name"));
                    category.setDesc(res.getString("desc"));
                    list.add(category);
                }
        } catch (Exception e) {
            System.out.println("查询操作错误 searchAll()");
            e.printStackTrace();
        } finally {
            ConnectionManager.closeConnection(con,pStmt,null);
        }
        return list;
}
```

（4）新建页面：SearchByType.jsp，设计查询页面。

```
<%if(session.getAttribute("USER")==null)
    response.sendRedirect("login.jsp");
%>
<%
    CategoryDao categoryDao=new CategoryDao();
    List list=categoryDao.searchAll();
%>
//……
<form name="form1" method="post" action="doSearch.jsp">    //提交页面:doSearch.jsp
<select name="selectType" id="selectType">
    <%for(int i=0;i<list.size();i++){
            Category category=(Category)list.get(i);
      %>
    //根据 category 表的数据设置下拉列表的选择项,设置 category 表的 CatId 号作为值
    <option title="<%=category.getName()%>" value="<%=category.getCatId()%>"/>
    <%}%>
</select>
```

（5）新建页面 doSearch.jsp，根据选择的列表项获取 ID 值，根据选择的商品类别号查询商品表。

```
    <%
```

```
    String strId=request.getParameter("selectType");
    int id=Integer.parseInt(strId);
    List list=new ArrayList();
    ProductDao productDao=new ProductDao();
    list=productDao.searchByCat(id);
//将查询结果插入 session 中
    session.setAttribute("RESULT",list);
//跳转到 ProductByType.jsp 页面显示信息
    response.sendRedirect("ProductByType.jsp");
%>
```

(6) 新建页面 ProductByType.jsp;参考步骤(1),显示查询结果。

提示:获取 session 变量的代码

```
<%
    ArrayList list=(ArrayList)session.getAttribute("RESULT");
%>
```

实验 13 Servlet 基础

EXPERIMENT

实验目标

(1) 能在 MyEclipse 中创建 Servlet。

(2) 能在 web.xml 中正确配置 Servlet。

(3) 掌握利用 Servlet 处理页面之间和 Servlet 之间的跳转方法。

(4) 能使用 Servlet 处理 GET/POST 请求。

实验任务

1. 创建工程和开发目录结构

要求：为项目构建开发环境。

步骤：

(1) 打开 netshop 工程。

(2) 在 netshop 工程的 src 目录下建立 ex13 包。

(3) 在 netshop 工程的 WebRoot 目录下建立 ex13 文件夹。

2. 创建一个 Servlet，并在页面上输出字符串

要求：创建一个能在页面上输出字符串的 Servlet。

步骤：

(1) 使用 MyEclipse 向导创建 Servlet：LoginServlet.java。

(2) 在/WebRoot/WEB-INF/web.xml 中配置 LoginServlet.java。

(3) 在 LoginServlet.java 的 doGet()方法中添加输出"欢迎登录网上商城"的语句，如图 2-13-1 所示。

提示：

(1) 在 web.xml 中配置 LoginServlet：

```
<servlet>
    <servlet-name>LoginServlet</servlet-name>
    <servlet-class>ex13.LoginServlet</servlet-class>
```

图 2-13-1   Servlet 输出字符串

```
</servlet>
<servlet-mapping>
    <servlet-name>LoginServlet</servlet-name>
    <url-pattern>/servlet/LoginServlet</url-pattern>
</servlet-mapping>
```

注意观察＜servlet＞标签和＜servlet-mapping＞标签中的＜servlet-name＞子标签之间的关系。

（2）在 doGet()方法中设定输出编码为中文：

```
response.setContentType("text/html;charset=gb2312");
```

（3）输出字符串。

```
PrintWriter out=response.getWriter();
out.println("欢迎登录网上商城");
```

3. 利用 Servlet 的 doGet()方法处理用户登录请求

要求：

（1）素材 ex13 目录中提供了一个登录页面 login. html，将此页面改为 login. jsp。

（2）Login. jsp 页面提交给 LoginServlet 的 doGet()方法，由此方法处理页面提交的请求。

（3）在 LoginServlet 的 doGet()方法中输出"您已成功登录!"，登录页面如图 2-13-2 所示。

图 2-13-2   登录页面

单击"提交"按钮后出现如图 2-13-3 所示的页面。

图 2-13-3　登录成功后的页面

步骤：

（1）将 login. html 改为 login. jsp 后，一定要在文档的第一行添加如下一行语句：＜%@ page contentType＝"text/html;charset＝GBK" %＞，这样可解决文档中中文字符集的问题。

（2）在 doGet（）中添加代码，获取文本框中的数据，并将数据在页面上输出。在 doGet（）中添加代码如下：

```
response.setContentType("text/html;charset=gb2312");
    String name=request.getParameter("name");
    name=new String(name.getBytes("ISO-8859-1"),"gbk");
    String password=request.getParameter("password");
    PrintWriter out =response.getWriter();
        out.println("<HTML>");
        out.println("<HEAD><TITLE>A Servlet</TITLE></HEAD>");
        out.println("<BODY>");
        out.println("欢迎"+name+",您已成功登录!你的密码为:"+password);
        out.println("</BODY>");
        out.println("</HTML>");
        out.flush();
        out.close();
```

提示："name＝new String(name. getBytes("ISO-8859-1"),"gbk");"语句的作用是进行字符集的转换，如果没有此语句，文中将会出现乱码。

4. 在 Servlet 中调用处理用户数据的 JavaBean，对用户进行合法性验证，并显示登录成功与否的信息

要求：

（1）根据登录页面提交的用户名和密码在数据库中进行查询。

（2）用户名和密码都正确，则显示登录成功页面 success. jsp，否则显示登录失败页面 error. jsp。

步骤：

（1）制作两个页面 success. jsp 和 error. jsp，这两个页面用于显示登录信息：Success. jsp 显示登录成功的信息，error. jsp 显示登录失败的信息。

（2）在 doGet()方法中添加调用 JavaBean 的语句，在数据库中查找用户名和密码：修改 doGet()方法中的代码，并添加如下代码：

```
UserInfoDao dao=new UserInfoDao();
Int result=dao.getByNamePassword(name,password);
```

（3）根据查找结果成功与否跳转到不同的页面，显示不同的信息：如果 result＞0 说明成功，可通过 response. sendRedirect("success. jsp")语句实现跳转到成功页面，同样也可通过 response. sendRedirect("error. jsp")跳转到失败页面。

实验 **14**

EXPERIMENT

Servlet 会话跟踪技术

实验目标

（1）掌握创建 Session 对象的方法。

（2）正确使用 Session 对象的 SetAttribute( )方法和 GetAttribute( )方法。

（3）掌握控制 Session 生命周期的方法。

实验任务

1. 浏览商品信息

要求：显示数据库中所有商品的信息。

步骤：

（1）导入 netshop 工程，并在 WebRoot 下创建 ex14 文件夹。

（2）发布并运行，在 WebRoot 下的 ex12 下的 displayProduc. jsp 页面可显示所有商品的信息，如图 2-14-1 所示。

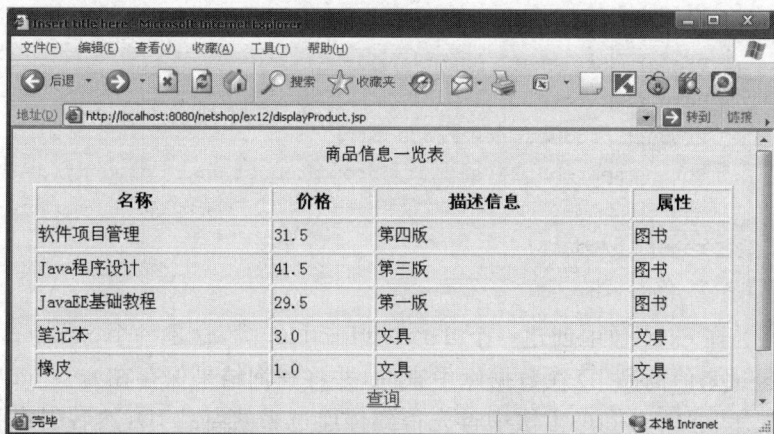

图 2-14-1　所有商品的信息

（3）将 WebRoot 下的 ex12 下的 displayProduc.jsp 页面复制到 WebRoot\ex14 文件夹中。修改此页面，为页面中的商品名称添加链接。修改后的代码如下。

displayProduct.jsp 参考代码：

```
<%//获得商品列表
    ProductDao productDao=new ProductDaoImpl();
    List list=productDao.searchAll();
%>
<%for(int i=0;i<list.size();i++){                    //循环输出列表中的商品信息
    Product product=(Product)list.get(i);
    %>
    <tr>
        <td height="26"><a href="../toViewProduct?productId=<%=product.getProductId
()%>" ><%=product.getName() %>"</a></td>
        <td><%=product.getPrice() %></td>
        <td><%=product.getDes() %></td>
        <td><%=product.getAttr() %></td>
    </tr>
    <%} %>
```

2. 显示商品详细信息

要求：为上面的商品名称添加一个链接，当单击某一个商品名称时提交给 Servlet 进行处理数据，然后显示当前商品的详细信息。

步骤：

（1）为 Dao 包中的 ProductDao 类添加 ProductById()方法，此方法可根据 ID 查询某一商品的详细信息。

提示：ProductById 方法的原型为

```
public Product searchProductById(int id){
    Connection con=null;
    PreparedStatement pStmt=null;
    ResultSet res=null;
    Product product=new Product();
    String searchSql="select * from product where productId=?" ;
    ...
    return product;
}
```

（2）在 ex14 包中创建一个 ToViewProduct 类，这是一个 Servlet，这个类的功能是根据传递过来的商品 ID 在数据库中查询，并将查询结果保存在 session 中。

提示：在 doGet()方法中首先得到传递过来的商品 ID，然后创建 ProductDao 类的一个实例，调用其 searchProductById(int id)方法得到当前商品的详细信息。将获得的商品信息保存在 session 中，然后转发到 detail.jsp 页面。

ToviewProduct.java 类中的 doGet()方法参考代码如下：

```
String productId= request.getParameter("productId");
    ProductDao productDao=new ProductDaoImpl();
    Product product=productDao.searchProductById(Integer.parseInt(productId));
                                        //根据 ID 号查找商品信息
    HttpSession session= request.getSession();    //获取当前会话的 session 对象
    session.setAttribute("product",product);
                        //将商品对象保存在 session 对象中,保存属性名为 product
    //转发显示详细信息页面
    request.getRequestDispatcher("ex14/detail.jsp").forward(request,response);
```

（3）在 ex14 文件夹中创建一个 detail.jsp 页面,页面的功能是取出 session 中商品的信息并在页面中显示。

提示：通过 session 的 getAttribute()方法得到 session 中保存的商品信息,利用 jsp 表达式显示信息。

Detail.jsp 参考实现部分代码：

```
<%//从 session 中取出属性名为 product 变量的值,要进行强制转换为 Product 类型,保持与保
    //存时变量类型一致
Product product= (Product)session.getAttribute("product");%>
<TABLE style= "TEXT-ALIGN: center" cellSpacing="0" cellPadding="0"
        width="390" border="0">
        <TBODY>
            <tr><td align="left">商品名称:</td>
                <td align="left"><%=product.getName() %></td>
            </tr>
            <tr><td align="left">版本号:</td><td align="left">
                <%=product.getDes() %>  </td>
            </tr>
              ⋮
        </TBODY>
</TABLE>
```

显示效果如图 2-14-2 所示。

3. 将商品添加到购物车

要求：在上面的商品显示信息页面中单击"放入购物车"按钮时会将选中的商品放入购物车。这里要创建两个类,一个是处理购物车的 Servlet 类 AddProductToCart,一个是对商品的进一步封装的类 ProductItem。

图 2-14-2　商品详细信息

步骤：

（1）在 ex14 包中创建 ProductItem 类,此类是对 Product 类的进一步封装,主要是添加了数量成员变量,用来记录添加到购物车中商品的数量。

提示：ProductItem.java 代码

```
public class ProductItem {
Product product;                          //商品信息
int quantity;                             //商品的数量
  ⋮                                       //添加相应的 set 和 get 方法
}
```

（2）在 ex14 包中创建 AddProductToCart 类，这是一个 Servlet。在此类中创建购物车，并将商品信息添加到购物车中。

提示：AddProductToCart.java

```
public void doPost(HttpServletRequest request,HttpServletResponse response)
    throws ServletException,IOException {
    HttpSession session=request.getSession(false);
    RequestDispatcher dispatcher;
    //如果 session 不存在,转向 /ex14/displayProduct.jsp
    if (session==null) {
        dispatcher=request.getRequestDispatcher("/ex14/displayProduct.jsp");
        dispatcher.forward(request,response);
    }
    //取出购物车和添加的商品
    Map cart= (Map) session.getAttribute("cart");
    Product product= (Product) session.getAttribute("product");
    //如果购物车不存在,创建购物车
    if (cart==null) {
        cart=new HashMap();

        //将购物车存入 session 之中
        session.setAttribute("cart",cart);
    }
    //判断商品是否在购物车中
    ProductItem cartItem= (ProductItem) cart.get(product.getProductId());
    //如果商品在购物车中,更新其数量
    //否则,创建一个条目到 Map 中
    if (cartItem !=null)
        cartItem.setQuantity(cartItem.getQuantity() +1);
    else{
            ProductItem cartItem1=new ProductItem();
            cartItem1.setProduct(product);
            cartItem1.setQuantity(1);
            cart.put(product.getProductId(),cartItem1);
    }
    ProductItem pro1= (ProductItem)cart.get(product.getProductId());
    //转向 viewCart.jsp 显示购物车
    dispatcher=request.getRequestDispatcher("ex14/viewCart.jsp");
    dispatcher.forward(request,response);
```

```
    }
```

4. 显示购物车信息

要求：显示购物车中每一商品的名称、数量、价格、小计和总金额。

步骤：

（1）在 ex14 文件夹中创建 viewCart.jsp 页面。

（2）从 session 中取出购物车中的信息放入一个数组中。

（3）在页面利用 JSP 表达式循环输出数组中所有元素的信息。

提示：viewCart.jsp 中的部分代码：

```
<%
    Map cart= (Map) session.getAttribute("cart");
    double total=0;
    if (cart==null||cart.size()==0)
        out.println("<p> 购物车当前为空.</p> ");
    else {
            //创建用于显示内容的变量
            Set cartItems=cart.keySet();
            //Iterator iterator=cartItems.iterator();
            Object[] productId=cartItems.toArray();
             entity.Product product;
            ProductItem cartItem;
            int quantity;
            double price,subtotal;
%>
<%//continue scriptlet
            int i=0;
            int n=productId.length;
            while (i <n) {
                //计算总和
                cartItem= (ProductItem) cart.get(productId[i]);
                product=cartItem.getProduct();
                quantity=cartItem.getQuantity();
                price=product.getPrice();
                subtotal=quantity * price;
                total+=subtotal;
                i++;
%>
```

以上代码是 viewCart.jsp 的主要 JSP 代码，在显示数据时可能用到格式化输出，可用以下代码：

```
<%=new DecimalFormat( "0.00" ).format( price )%>
```

实验 **15**

EXPERIMENT

过 滤 器

实验目标

(1) 能在 MyEclipse 中创建 Filter。

(2) 能在 web. xml 中正确配置 Filter。

(3) 掌握利用 Filter 拦截客户端请求和服务器回应的信息的方法。

(4) 将用户请求信息和服务器端返回信息在控制台上打印出来。

实验任务

1. 创建工程和开发目录结构

要求：为项目构建开发环境。

步骤：

(1) 打开 netshop 工程。

(2) 在 netshop 工程的 src 目录下建立 ex15 包。

(3) 在 netshop 工程的 WebRoot 目录下建立 ex15 文件夹。

2. 创建日志记录过滤器

要求：此过滤器能拦截用户请求信息和服务器回应的信息。

步骤：

(1) 在 ex15 包下创建类 LogFilter。

(2) 在 web. xml 中配置过滤器。

提示：

(1) LogFilter. java 类关键代码：

```
public void doFilter (ServletRequest request, ServletResponse response,
FilterChain chain)
    throws IOException, ServletException
    {
        //---------下面代码用于对用户请求执行预处理---------
        //获取 ServletContext 对象,用于记录日志
```

```
ServletContext context=this.config.getServletContext();
long before=System.currentTimeMillis();
System.out.println("开始过滤...");
//将请求转换成 HttpServletRequest 请求
HttpServletRequest hrequest= (HttpServletRequest)request;
//输出提示信息
System.out.println("Filter 已经截获到用户请求的地址:"+
    hrequest.getServletPath());
//Filter 只是链式处理,请求依然放行到目的地址
chain.doFilter(request,response);
//---------下面代码用于对服务器响应执行后处理---------
long after=System.currentTimeMillis();
//输出提示信息
System.out.println("过滤结束");
//输出提示信息
System.out.println("请求被定位到"+hrequest.getRequestURI()+
    "所花的时间为:"+ (after-before));
}
```

（2）在 web. xml 中添加如下代码：

```
<filter>
    <!--Filter 的名字 -->
    <filter-name>log</filter-name>
    <!--Filter 的实现类 -->
    <filter-class>ex15.LogFilter</filter-class>
</filter>
<!--定义 Filter 拦截的 URL 地址 -->
<filter-mapping>
    <!--Filter 的名字 -->
    <filter-name>log</filter-name>
    <!--Filter 负责拦截的 URL -->
    <url-pattern>/ * </url-pattern>
</filter-mapping>
```

3. 使用过滤器查看拦截信息

要求：创建一个登录 JSP 的页面，登录成功后返回一个登录成功的页面。

步骤：

（1）创建登录页面 login. jsp。

（2）创建回应页面 proLogin. jsp。

提示：在 login. jsp 页面提供一个文本框用来输入用户名，然后提交给 ProLogin. jsp 页面。

在控制台上可看到如下信息：

开始过滤...

Filter 已经截获到用户请求的地址：/ex15/login.jsp

过滤结束

请求被定位到/netshop/ex15/login.jsp 所花的时间为：5234

开始过滤...

Filter 已经截获到用户请求的地址：/ex15/proLogin.jsp

过滤结束

请求被定位到/netshop/ex15/proLogin.jsp 所花的时间为：406

实验 16

EL 表达式与 JSTL

实验目标

（1）掌握 EL 和 JSTL 的基本语法。

（2）利用 EL 和 JSTL 简化页面。

（3）利用 EL 和 JSTL 表达式重写实验 14 的 displayProduct.jsp 页面。

实验任务

1. 创建工程和开发目录结构

要求：为项目构建开发环境。

步骤：

（1）导入 netshop 工程，并在 WebRoot 下创建 ex16 文件夹。

（2）将实验 14 中的 ex14\displayProduct.jsp 拷入 ex16 文件夹中。

2. 利用 EL 和 JSTL 表达式显示所有产品信息

要求：修改 displayProduct.jsp 页面，对数据的显示全部改为 EL 和 JSTL 表达式，在页面中不允许出现 Java 代码和 JSP 表达式。

步骤：

（1）在页面中添加<%@ taglib uri="http://java.sun.com/jsp/jstl/core" prefix="c" %>导入标签库。

（2）添加<jsp:useBean id="dao" class="dao.ProductDaoImpl" scope="request"/>标签创建 ProductDaoImpl 类的实例。

（3）添加<c:forEach var="products" items="${requestScope.dao.products}">利用 forEach 标签循环输出标签体的内容。

displayProduct.jsp 主要参考代码如下：

```
<%@taglib uri="http://java.sun.com/jsp/jstl/core" prefix="c" %>
<jsp:useBean id="dao" class="dao.ProductDaoImpl" scope="request"/>
...
```

```
<table width="664" border="1" align="center">
    <tr>
        <th width="183" height="25" scope="col">名称</th>
        <th width="77" scope="col">价格</th>
        <th width="200" scope="col">描述信息</th>
        <th width="76" scope="col">属性</th>
    </tr>
    <c:forEach var="products" items="${requestScope.dao.products}" >

    <tr>
        <td height="26"><a href="../toViewProduct?productId=${products.productId}">
        ${products.name}</a></td>
        <td>${products.price}</td>
        <td>${products.des}</td>
        <td>${products.attr}</td>
    </tr>
    </c:forEach>
    </table>
...
```

下　篇

项目实训——网上书店

需求描述

随着网络技术的广泛应用,在网上购买各种物品的行为越来越普遍。在网上购买书籍也成为人们的一种选择。本案例拟开发一个简单的网上书店系统,为用户提供一种新的购物体验,系统实现了以下功能:

(1) 用户登录功能。

(2) 登录后,显示所有书籍的信息。

(3) 购物车的实现。

(4) 实现网上购买书籍。

开发环境

开发工具:MyEclipse 6.5。

数据库:MySQL 5.1。

服务器:Tomcat 6.0。

案例采用的技术

(1) 采用 MVC 设计模式对系统进行分层。

(2) 采用 JDBC 技术实现数据库的连接。

(3) 采用 JavaBean 技术实现实体类的封装。

(4) 采用 Servlet 技术实现系统的业务逻辑功能。

(5) 采用 JSP+HTML 技术实现信息的展示。

需求分析

(1) 使用 MySQL 设计数据库表。

(2) 根据数据库表设计实体类。

(3) 主要功能分析:

① 所有图书信息的显示。

② 单本书籍的详细显示。

③ 图书的购买。

④ 购物车信息的修改、展示。

⑤ 订单功能的实现。

案例实施

1. 创建 Web 项目 OnShopping

（1）在项目的 src 目录下创建 comm、entity、dao、servlet 等程序包：

- comm 包括工具类和测试类。
- entity 包括各个实体类。
- dao 包括各个实体操作类。
- servlet 包括处理业务逻辑的 Servlet 类。

（2）添加 MySQL 数据库驱动程序"mysql-connector-java-3.1.12-bin.jar"到构建路径中。

（3）在项目的 WebRoot 目录下创建 images 文件夹，存放项目中使用的图片。

（4）在 WebRoot 目录下创建以下文件：

- login.jsp 用户登录页面。
- bookList.jsp 所有书籍的显示页面。
- displayBook.jsp 特定书籍的显示页面。
- order.html 订单页面。
- viewCart.jsp 购物车显示页面。
- bye.jsp 操作成功页面。
- error.jsp 操作错误页面。

2. 创建数据库 books 并设计数据库表

（1）用户表 userinfo（表 3-1-1）

表 3-1-1 userinfo

字段名	类　型	说　明	字段名	类　型	说　明
userId	INTEGER	用户 ID、主键、自增	upassword	VARCHAR（20）	用户密码
uname	VARCHAR(10)	用户名			

（2）图书表 titles（表 3-1-2）

表 3-1-2 titles

字段名	类　型	说　明	字段名	类　型	说　明
tid	INTEGER	图书 ID、主键、自增	author	VARCHAR(45)	图书的作者
isbn	VARCHAR(30)	图书的 ISBN 号	imageFile	VARCHAR(45)	图书的封面图片
title	VARCHAR(100)	图书名称	price	DOUBLE	图书的价格

（3）订单表 ordertable（表 3-1-3）

（4）订单明细表 orderItem（表 3-1-4）

表 3-1-3　ordertable

字段名	类　型	说　明	字段名	类　型	说　明
id	INTEGER	订单 ID、主键、自增	phone	VARCHAR(20)	电话号码
uid	INTEGER	用户 ID、外键	address	VARCHAR(100)	收货地址
zipcode	VARCHAR(10)	邮政编码	total	DOUBLE	订单的总金额

表 3-1-4　orderItem

字段名	类　型	说　明	字段名	类　型	说　明
itemId	INTEGER	订单条目号 ID、主键、自增	tid	INTEGER	条目包含的图书 ID、外键
otid	INTEGER	条目所属的订单号、外键	quantity	INTEGER	图书的数量

3. 创建数据库连接类 Dconn. java

- 获取数据库连接对象的方法：getConnection()。
- 关闭数据库连接对象的方法：closeConnection(Connection con)。
- 关闭命令对象的方法：closePreparedStatement(PreparedStatement pStmt)；closeStatement(Statement Stmt)。
- 关闭结果集的方法：closeResultSet(ResultSet res)。

部分代码如下：

```
package comm;
import java.sql.*;
public class DBConn {
    //连接的数据库名称为 books
    private static final String DRIVER_CLASS="com.mysql.jdbc.Driver";
    private static final String DATABASE_URL="jdbc:mysql://localhost:3306/books";
    //MySQL 数据库的登录名、登录密码
    private static final String DATABASE_USRE="root";
    private static final String DATABASE_PASSWORD="11";

    //返回连接
    public static Connection getConnection() {
        Connection dbConnection=null;
        try {
            Class.forName(DRIVER_CLASS);
            dbConnection=DriverManager.getConnection(DATABASE_URL,
                DATABASE_USRE,DATABASE_PASSWORD);
        } catch (Exception e) {
            e.printStackTrace();
        }
        return dbConnection;
    }
```

```java
//关闭连接
public static void closeConnection(Connection con) {
    try {
            if (con!=null && (!con.isClosed())) {
                con.close();
        }
    } catch (SQLException sqlEx) {
            sqlEx.printStackTrace();
    }
}


//关闭结果集
public static void closeResultSet(ResultSet res) {
    try {
            if (res!=null) {
                res.close();
                res=null;
        }
    } catch (SQLException e) {
            e.printStackTrace();
    }
}
//关闭命令对象
public static void closePreparedStatement(PreparedStatement pStmt) {
    try {
            if (pStmt!=null) {
                pStmt.close();
                pStmt=null;
        }
    } catch (SQLException e) {
            e.printStackTrace();
    }
}


public static void closeStatement(Statement Stmt) {
    try {
            if (Stmt!=null) {
                Stmt.close();
                Stmt=null;
        }
    } catch (SQLException e) {
            e.printStackTrace();
    }
}
```

```
}
```

4. 创建实体类

根据以上数据库表中的字段和类型，按照类型兼容的原则，设计网上书店的实体类。具体包括以下 4 个实体类文件。

（1）UserInfo. java；

（2）Titles. java；

（3）OrderTable. java；

（4）OrderItem. java。

部分代码如下：

```java
//UserInfo.java 文件代码
package entity;
public class UserInfo {
    private int userId;
    private String uname;
    private String upassword;
    public UserInfo() {
        super();
    }
    public UserInfo(int userId,String uname,String upassword) {
        super();
        this.userId=userId;
        this.uname=uname;
        this.upassword=upassword;
    }
    //getter 和 setter 方法……
}
//Titles.java 文件代码
package entity;
public class Titles {
    private int tid;
    private String isbn;
    private String title;
    private String author;
    private String imageFile;
    private double price;
    public Titles() {
        super();
    }
    public Titles(int tid,String isbn,String title,String author,
            String imageFile,double price) {
        super();
```

```
            this.tid=tid;
            this.isbn=isbn;
            this.title=title;
            this.author=author;
            this.imageFile=imageFile;
            this.price=price;
        }
        //getter 和 setter 方法
}
```

OrderTable. java. java 文件和 OrderItem. java. java 文件的代码略。

注意：每个类的字段个数根据数据库表的字段个数确定，在类中还要为每个字段创建 setter 和 getter 方法。同时，为每个类创建无参的构造函数、包含所有字段的构造函数。

5. 创建实体操作类

根据案例的设计要求，分别设计与各实体类相关的实体操作类。

（1）为了实现用户的登录功能，需要创建操作类 UserInfoDao；实现对数据库表 userinfo 的查询功能，部分代码如下：

```
package dao;
//导入程序中需要使用的程序包
import java.sql.* ;
import comm.DBConn;
import entity.UserInfo;
public class UserInfoDao {
//通过传入的 UserInfo 类型参数,查询数据库表;根据查询结果,判断用户名和密码是否正确
    public int getUserInfoByBean(UserInfo userinfo) {
        int uid=-1;
        Connection con=null;
        PreparedStatement pStmt=null;
        ResultSet res=null;
        String strSql;
        try {
                con=DBConn.getConnection();
                strSql="select * from userinfo "
                        +"where uname= ?and upassword=?";
                pStmt=con.prepareStatement(strSql);
                pStmt.setString(1,userinfo.getUname());
                pStmt.setString(2,userinfo.getUpassword());
                res=pStmt.executeQuery();
                if (res.next())
                    uid=res.getInt("userId");
            } catch (Exception e) {
```

```
                e.printStackTrace();
        } finally {
            DBConn.closeResultSet(res);
            DBConn.closePreparedStatement(pStmt);
            DBConn.closeConnection(con);
        }
        return uid;
    }
}
```

（2）为了实现图书的显示功能，需要创建操作类 TitlesDao；实现对数据库表 titles 的查询功能，部分代码如下：

```
package dao;
import java.sql.*;
import java.util.*;
import comm.DBConn;
import entity.Titles;


public class TitlesDao {
//查询数据库表中的所有图书信息
    public List<Titles>getAllTitles(){
    …//代码略
    }
//根据传入的 tid 参数，查询对应的图书信息
    public Titles getByTid(int tid){
        Titles title=new Titles();
        Connection con=null;
        PreparedStatement pStmt=null;
        ResultSet res=null;
        String strSql;
        try {
            con=DBConn.getConnection();
            strSql="select * from titles "
                +"where tid=?";
            pStmt=con.prepareStatement(strSql);
            pStmt.setInt(1,tid);
            res=pStmt.executeQuery();
            if(res.next()){
                title.setAuthor(res.getString("author"));
                title.setImageFile(res.getString("imageFile"));
                title.setIsbn(res.getString("isbn"));
                title.setPrice(res.getDouble("price"));
                title.setTid(res.getInt("tid"));
                title.setTitle(res.getString("title"));
```

```
                }
            } catch (Exception e) {
                e.printStackTrace();
            } finally {
            …//代码略
            }
            return title;
        }
    }
```

（3）为了实现订单的保存和查询最大 ID 号的功能，需要创建操作类 OrderTableDao；实现对数据库表 ordertable 的插入功能和查询功能。部分代码如下：

```
…//代码略
public class OrderTableDao {
//将传入的订单信息插入到对应的数据库表中，根据返回值判断插入是否成功
    public boolean Insert(OrderTable orderTable){
    …//代码略
    }
//该方法获取数据库表中 ID 字段的最大值
    public int getMaxId() {
        int max_id=-1;
        Connection con=null;
        PreparedStatement pStmt=null;
        ResultSet res=null;
        String strSql;
        try {
            con=DBConn.getConnection();
            strSql="select Max(id) from ordertable ";        //查询最大的 ID 值
            pStmt=con.prepareStatement(strSql);
            res=pStmt.executeQuery();
            if (res.next())
                max_id=res.getInt(1);                         //保存获得的 ID 值
        } catch (Exception e) {
            e.printStackTrace();
        } finally {
            …//代码略
        }
        return max_id;
    }
}
```

（4）在进行订单的保存和查询时，需要插入和查询对应的订单明细，需要创建操作类 OrderItemDao；实现对数据库表 orderItem 的插入和查询功能，部分代码如下：

```
package dao;
```

```
…//代码略
public class OrderItemDao {
    public boolean Insert(OrderItem orderItem){
        …//代码略
    }
}
```

6. 设计页面

根据前面的分析,本系统需要设计以下页面。

- booksList.jsp 文件：系统的主页面,展示所有的图书信息。
- displayBook.jsp 文件：显示一本书的详细信息。
- viewCart.jsp 文件：购物车的显示页面。
- login.jsp 文件：用户登录页面。
- order.html 文件：生成订单页面。
- bye.jsp 和 error.jsp 文件：操作成功、失败页面。

(1) booksList.jsp 文件

页面的代码如下：

```
<%@page language="java" pageEncoding="gb2312"%>
<%@page import="java.util.*,entity.*,dao.*" %>
<html>
  <head><title>网上书店</title></head>
  <body>
  <div align="center">
    <p>图书列表 </p>
    <table width="200" border="0">
    <%
      TitlesDao titlesdao=new TitlesDao();
      List<Titles>list=titlesdao.getAllTitles();
      Titles title=new Titles();
      session.setAttribute("titlesList",list);
      for(int i=0;i<list.size();i++){
        title=(Titles)list.get(i);
      if(i%3==0){   %>
        <TR>
        <%}   %>
    <td>
    <table>
      <tr>
        <td><a href="ToDisplayBook?tid=<%=title.getTid()%>">
          <%=title.getTitle()+","+
                  title.getPrice()+"元" %></a></td>
      </tr>
```

```
          <tr>
            <td><a href="ToDisplayBook?tid=<%=title.getTid()%>"><img width="250"
            height="250" src="./images/<%=title.getImageFile()%>"/></a></td>
          </tr>
          </table>
        </td>
        <%if(i%3==2){ %>
        </TR>
        <%} %>
        <%} %>
        </table>
      </div>
    </body>
</html>
```

在该页面中，首先从数据库中获取所有书籍的信息，然后以每行 3 本的方式显示所有书籍信息，通过超链接：

```
<a href="ToDisplayBook?tid=<%=title.getTid()%>">
<a href="ToDisplayBook?tid=<%=title.getTid()%>"><img width="250"
                height="250" src="./images/<%=title.getImageFile()%> "/></a>
```

进入 Servlet 类 ToDisplayBook，根据传入的 tid 参数进行处理。

（2）displayBook.jsp 文件

页面的代码如下：

```
<%@page language="java" import="entity.* " pageEncoding="GBK"%>
<%
    //从 session 读取对象
    Titles title=(Titles) session.getAttribute("title");
    session.setAttribute("TidToAdd",title.getTid());
%>
<html>
<head><title>网上书店</title></head>
<body>
    <CENTER>
        <TABLE border="1">
            <tr height="50">
                <td colspan="3">
                 <h2><%=title.getTitle() %></h2>
                </td>
            </tr>
            <tr>
                <td rowspan="4">
                    <img src="./images/<%=title.getImageFile()%>"
```

```
                                alt="<%=title.getTitle() %>"/>
            </td>
            <td align="left">
                图书编号:
            </td>
            <td align="left">
                <%=title.getIsbn() %>
            </td>
        </tr>
        <tr align="left">
            <td align="left">价格:</td>
            <td align="left"><%=title.getPrice() %>元</td>
        </tr>
        <tr align="left">
            <td class="bold">作者:</td>
            <td><%=title.getAuthor() %></td>
        </tr>
        <tr align="center">
            <td><form method="post" action="AddTitleToCart">
                <p><input type="submit" value="放入购物车" /></p>
                </form>
            </td>
            <td><form method="get" action="ToViewCart">
                <p><input type="submit" value="查看购物车" /></p>
                </form>
            </td>
        </tr>
    </TABLE>
  </CENTER>
</html>
```

在该页面中,根据 session 变量的值显示对应的书籍信息,单击"放入购物车"按钮,进入 Servlet 类 AddTitleToCart,将对应的书籍放入购物车;通过单击"查看购物车"按钮,进入 Servlet 类 ToViewCart,获取购物车的信息。

(3) viewCart.jsp 文件

页面代码如下:

```
<%@ page language="java" session="true" import="entity. * " pageEncoding="GBK"%>
<html>
<head><title>我的购物车</title></head>
<body>
    <h1 align="center">购物车内商品:</h1>
    <%CartItem[] cartitems= (CartItem[]) session.getAttribute("CartItems");
```

```
            Titles title;
            int quantity
            double total=0,subtotal;
        %>
        <table align="center" cellSpacing=0 cellPadding=0 width=590 border=1>
            <tr align="center">
            <th>书籍名称</th>
            <th>数量</th>
            <th>价格</th>
            <th>小计</th>
        </tr>
        <%
        for(CartItem cartItem : cartitems){
                title=cartItem.getTitle();
                quantity=cartItem.getQuantity();
                subtotal=title.getPrice()* quantity;
                total+=subtotal;
            %>
        <tr>
          <td><%=title.getTitle() %></td>
            <td align="center"><%=quantity %></td>
            <td ><%=title.getPrice()%></td>
            <td><%=subtotal%></td>
        </tr>
        <%}%>
          <tr>
          <td colspan="4" align="center"><b>总计：</b>
             <%=total %>
          </td>
        </tr>
    </table>
    <p align="center"><a href="booksList.jsp">继续购物</a></p>
<%session.setAttribute( "total",new Double( total ) );%>
    <center>
      <form method="get" action="order.html">
       <p><input type="submit" value="结 账" /></p>
      </form>
    </center>
    </body>
</html>
```

在该页面中,首先获取 session 变量中保存的购物车信息,然后将购物车中的信息显示出来。通过"继续购物"的超链接实现继续购物的功能；单击"结账"按钮，进入订单页面，生成所需的订单信息。

（4）login.jsp 文件

页面代码如下：

```
<%@ page contentType="text/html;charSet=GBK" pageEncoding="GBK"%>
<html>
<head>
        <title>用户名</title>
        <script type="text/javascript">
            function RegsiterSubmit(){
                with(document.Regsiter){
                var user=document.Regsiter.loginName.value;
                var pass=document.Regsiter.password.value;
                if(user==null||user==""){
                    alert("请填写用户名");
                }
                else if(pass==null||pass==""){
                    alert("请填写密码");
                }
                else document.Regsiter.submit();
             }
          }
        </script>
</head>
<body>
        <form method="POST" name="Regsiter" action="DoLogin">
            <p align="left">用户名:
                <input type="text" name="loginName" size="20">
            </p>
            <p align="left">密  码:
                <input type="password" name="password" size="20">
            </p>
            <p align="left">
                <input type="button" value="提交" name="B1"
                              onClick="RegsiterSubmit()">
                <input type="reset" value="重置" name="B2">
            </p>
        </form>
    </body>
</html>
```

在该页面中,使用 JavaScript 脚本提交了客户端验证功能,在获得了合法输入后单击"提交"按钮,进入 Servlet 类 DoLogin,进行登录验证功能。

(5) order.html 文件

该页面的效果如图 3-1-1 所示。

该页面与 login.jsp 一样,添加了客户端验证的代码,当用户单击"提交"按钮后,进入 Servlet 类 ToOrder,进行订单处理。

(6) error.jsp 文件和 bye.jsp 文件

这两个页面的效果图如图 3-1-2 和图 3-1-3 所示。

在完成了订单操作后,返回系统的首页面。

图 3-1-1　页面效果图

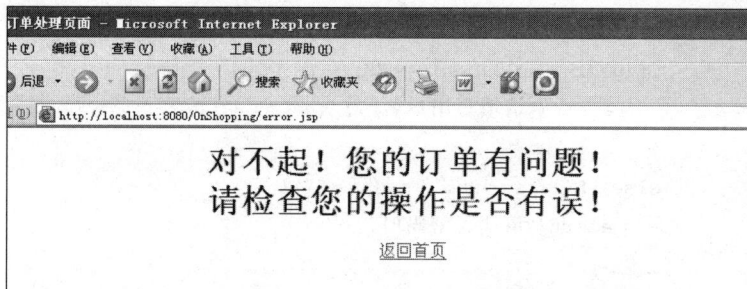

图 3-1-2　error.jsp 页面效果图

图 3-1-3　bye.jsp 页面效果图

7. 设计各业务逻辑类(Servlet 类)

本系统的业务逻辑处理工作由 Servlet 类来完成,因此在 servlet 包中创建了对应的 5 个 Servlet 类。

(1) ToDisplayBook 类、Mapping URL 为"/ToDisplayBook"

该类根据获取的书籍 tid 号,从数据库查询该书籍的详细信息,存入 session 变量中,然后重定向到书籍的显示页面,具体代码如下:

```
package servlet;
import java.io.IOException;
import javax.servlet.ServletException;
```

```
import javax.servlet.http.*;
import dao.TitlesDao;
import entity.Titles;
public class ToDisplayBook extends HttpServlet {
    public void doGet(HttpServletRequest request,HttpServletResponse response)
            throws ServletException,IOException {
        String strTid=request.getParameter("tid");
        int tid=Integer.valueOf(strTid);
        TitlesDao titlesDao=new TitlesDao();
        Titles title=titlesDao.getByTid(tid);
        HttpSession session=request.getSession(false);
        session.setAttribute("title",title);
        response.sendRedirect("displayBook.jsp");
    }
    public void doPost(HttpServletRequest request,HttpServletResponse response)
            throws ServletException,IOException {
        doGet(request,response);
    }
}
```

(2) AddTitleToCart 类、Mapping URL 为 "/AddTitleToCart"

该类首先获取存放所添加书籍 tid 号的 session 变量，然后获取购物车信息；如果购物车中存在所添加书籍的 tid 号，则在原来的基础上加 1，如果购物车中不存在所要添加的书籍 tid 号，则新建一个题目，然后将需要的书籍信息添加到购物车中；最后从该 Servlet 类转发到 ToViewCart 中。部分程序代码如下：

```
package servlet;
…//导入包的语句省略
public class AddTitleToCart extends HttpServlet {
    public void doGet(HttpServletRequest request,HttpServletResponse response)
            throws ServletException,IOException {
        HttpSession session=request.getSession(false);
        if(session==null)
            request.getRequestDispatcher("bookList.jsp").forward(request,response);
        if(session.getAttribute("TidToAdd")==null)
            response.sendRedirect("bookList.jsp");
        Integer objTid=(Integer)session.getAttribute("TidToAdd");
        int tid=objTid.intValue();
        Map cart=(Map)session.getAttribute("ShoppingCart");
        if(cart==null){
            cart=new HashMap();
        }
        CartItem cartItem=(CartItem)cart.get(tid);
        TitlesDao titlesDao=new TitlesDao();
        if(cartItem==null)
            cart.put(tid,new CartItem(titlesDao.getByTid(tid),1));
```

```
        else{
                cartItem.setQuantity(cartItem.getQuantity()+1);
                cart.put(tid,cartItem);
        }
        session.setAttribute("ShoppingCart",cart);
        request.getRequestDispatcher("ToViewCart").forward(request,response);
    }
    …//doPost()方法省略
}
```

（3）ToViewCart 类、Mapping URL 为"/ToViewCart"

该类首先从 session 变量中获取 Map 类型的购物车信息，然后转化成 CartItem[]类型的信息，存入到 session 变量 CartItems 中；最后重定向到页面 viewCart.jsp 中。部分代码如下：

```
package servlet;
…//导入包的语句省略
public class ToViewCart extends HttpServlet {
    public void doPost(HttpServletRequest request,HttpServletResponse response)
            throws ServletException,IOException {
        HttpSession session=request.getSession(false);
        if(session==null)
            request.getRequestDispatcher("bookList.jsp").forward(request,response);
        //获取购物车信息
        Map cart=(Map)session.getAttribute("ShoppingCart");
        //进行信息类型的转换
        Object[] arr=cart.values().toArray();
        CartItem[] cartItems=new CartItem[arr.length];
        for(int i=0;i<arr.length;i++){
            cartItems[i]=(CartItem)arr[i];
        }
        //保存购物车信息，重定向页面
        session.setAttribute("CartItems",cartItems);
        response.sendRedirect("viewCart.jsp");
    }
    …//doPost()方法省略
}
```

（4）DoLogin 类、Mapping URL 为"/DoLogin"

该类根据用户输入的信息，查询数据库表，如果登录成功，将用户 ID 存入 session 对象中，然后跳转到 order.html 页面，进行下面的操作。部分代码如下：

```
package servlet;
…//导入包的语句省略
public class ToViewCart extends HttpServlet {
    public void doPost(HttpServletRequest request,HttpServletResponse response)
            throws ServletException,IOException {
```

```
HttpSession session=request.getSession();
String uname=request.getParameter("loginName");
String upassword=request.getParameter("password");
UserInfo userinfo=new UserInfo();
userinfo.setUname(uname);
userinfo.setUpassword(upassword);
UserInfoDao userInfoDao=new UserInfoDao();
//查询数据库表，返回用户 ID 号
int uid=userInfoDao.getUserInfoByBean(userinfo);
if(uid==-1)
    response.sendRedirect("login.jsp");
else{
        //将用户的 ID 号存入 session 对象
        session.setAttribute("LOGIN_USER",uid);
        request.getRequestDispatcher("order.html").forward(request,response);
    }
}
…//doPost()方法省略
}
```

（5）ToOrder 类、Mapping URL 为"/ToOrder"

该类首先获取 session 变量"LOGIN_USER"的值，如果该变量为空，表示用户还没有登录，不能下单，此时请求转发到"login. jsp"页面。如果该变量不为空，表示用户已经登录了，此时根据用户输入的订单信息生成订单项，并插入订单表中；如果能够成功插入，再获取插入订单项时生成的订单号，根据新获取的订单号和订单的信息生成订单明细条目，并插入到订单明细表中。部分代码如下：

```
package servlet;
…//导入包的语句省略
public class ToOrder extends HttpServlet {
    public void doGet(HttpServletRequest request,HttpServletResponse response)
            throws ServletException,IOException {
        //处理中文字符
        request.setCharacterEncoding("GBK");
        HttpSession session=request.getSession();
        //获取用户的登录信息
        if(session.getAttribute("LOGIN_USER")==null){
            request.getRequestDispatcher("login.jsp").forward(request,response);
        }
        else{
        Integer objUid=(Integer)session.getAttribute("LOGIN_USER");
        int uid=objUid.intValue();
        //获取输入的表单数据
        String username=request.getParameter("Uname");            //用户名
```

```
        String zipcode= request.getParameter("zipcode");          //邮编
        String phone= request.getParameter("phone");              //电话
        String creditcard= request.getParameter("address");        //地址
        //读出总的价钱
        double total= ((Double)session.getAttribute("total")).doubleValue();
        OrderTable orderTable= new OrderTable (uid,username,zipcode,phone,creditcard,
        total);
        OrderTableDao orderTableDao= new OrderTableDao();
        //将订单信息插入订单表
        boolean flag= orderTableDao.Insert(orderTable);
        if(flag){
            //获取新生成的订单号
            int otid= orderTableDao.getMaxId();
            OrderItemDao orderItemDao= new OrderItemDao();
            CartItem[] cartitems= (CartItem[]) session.getAttribute("CartItems");
            for(int i=0;i< cartitems.length;i++){
            //产生订单明细项,并存入到订单明细表中
                OrderItem orderItem= new OrderItem();
                orderItem.setOtid(otid);
                orderItem.setTid(cartitems[i].getTitle().getTid());
                orderItem.setQuantity(cartitems[i].getQuantity());
                orderItemDao.Insert(orderItem);
            }
            request.getRequestDispatcher("bye.jsp").forward(request,response);
        }
        else
            request.getRequestDispatcher("error.jsp").forward(request,response);
        session.invalidate();
        }
    … //doPost()方法省略
}
```

8. 进行项目的发布与调试

首先进行项目的发布,启动 Tomcat 6.0 服务器,检查服务器启动过程中控制台的输出信息;如果没有出现错误信息,按照 booksList. jsp→displayBook. jsp→viewCart. jsp→order. html→login. jsp 的顺序调试程序;在调试过程中,不仅要注意页面的输出信息还要注意控制台的信息和数据库表中的数据变化。

9. 选做内容

(1) 在系统的设计过程中,没有考虑书籍的库存情况,试设计库存数据库表;根据书籍的库存情况,允许或拒绝用户的购买行为。

(2) 为系统添加书籍的查询功能。

(3) 为系统添加访问控制功能,只有在用户登录后才允许将商品放入购物车,填写订单信息。